全国高职高专工业机器人领域人才培养"十三五"规划教材

工业机器人技术基础

主　编	韩　珂	蔡小波	司兴登
副主编	朱黎江	夏兴国	陈　莉　朱慧军
	朱旭义	李慧东	
参　编	李映辉	向丽萍	王　爽　聂金桥
	刘红芳	沈　玲	赵长梅　徐林东
	题诗诗	周斌斌	
主　审	马志诚		

华中科技大学出版社
中国·武汉

内 容 简 介

本书介绍了工业机器人的产生、发展和分类概况,工业机器人的组成、特点和技术性能等入门知识;全面系统地阐述了工业机器人本体的机械结构以及谐波减速器、RV减速器等核心部件的结构原理;对工业机器人的手动操作、示教编程、再现运行等在线编程技术进行了深入具体的介绍;对工业机器人的离线编程技术的实现进行了详细的说明;对工业机器人视觉系统的原理以及工作站搭建过程进行了完整详细的阐述。

本书可作为全国应用型高校工业机器人专业基础课程的教材,也可供民办高等院校、成人高等院校和相关工程技术人员使用。

图书在版编目(CIP)数据

工业机器人技术基础/韩珂,蔡小波,司兴登主编. —武汉:华中科技大学出版社,2018.8(2022.10重印)
全国高职高专工业机器人领域人才培养"十三五"规划教材
ISBN 978-7-5680-4052-5

Ⅰ.①工… Ⅱ.①韩… ②蔡… ③司… Ⅲ.①工业机器人-高等职业教育-教材 Ⅳ.①TP242.2

中国版本图书馆 CIP 数据核字(2018)第 155421 号

工业机器人技术基础 韩 珂 蔡小波 司兴登 主编
Gongye Jiqiren Jishu Jichu

策划编辑:汪 富
责任编辑:戚凤平
封面设计:原色设计
责任校对:何 欢
责任监印:周治超
出版发行:华中科技大学出版社(中国•武汉) 电话:(027)81321913
  武汉市东湖新技术开发区华工科技园 邮编:430223
录 排:武汉三月禾文化传播有限公司
印 刷:武汉开心印刷有限公司
开 本:787mm×1092mm 1/16
印 张:11.5
字 数:290千字
版 次:2022年10月第1版第4次印刷
定 价:36.00元

本书若有印装质量问题,请向出版社营销中心调换
全国免费服务热线:400-6679-118 竭诚为您服务
版权所有 侵权必究

前　言

随着全球工业化和经济的持续发展,我国已成为制造业大国,制造业的发展程度与我国国民经济的发展息息相关。2015年,国务院印发了《中国制造2025》。《中国制造2025》被称为中国版的工业4.0。它借助于大数据、云计算、移动互联的时代背景,对企业进行智能化和工业化相结合的改进升级,实现智能工厂、智能生产、智能物流,明确了未来10年制造业的发展方向,以期实现我国制造业由大到强的转型目标。

以工业机器人为引领的智能装备将会面临井喷式发展。2013年年底,工业和信息化部下发了《关于推进工业机器人产业发展的指导意见》,提出到2020年工业机器人密度(每万名员工使用机器人台数)将达到100台以上。据此估算,到2020年,国内工业机器人的保有量将达到60万台。伴随着工业机器人井喷式发展的背后是一个巨大而急切的工业机器人应用的人才缺口。届时,国内工业机器人每年需求量将超过10万台,工业机器人应用人才缺口将达30万人。

目前,关于工业机器人方面的专著、教材、技术资料普遍偏于理论,而关于机器人实际操作和应用的知识只能依赖于各种工业机器人产品的用户手册。理论与实际应用的严重脱节已成为制约工业机器人相关人才培养的瓶颈。因此,编写一本兼顾理论与实践操作的工业机器人技术应用教材势在必行。

本书是主要针对工科智能制造类(机电类)本科和专科教学的教材。应用型本科和高职学生对工业机器人技术基础课程的学习要求与研究型人才相比有较大的差异,人才培养的目标主要是使学生了解工业机器人的基本结构,了解和掌握工业机器人的基本知识,使学生对机器人及其控制系统有一个较全面的了解;培养学生在机器人技术方面分析与解决问题的能力,使其具有一定的动手能力,为毕业后从事专业工作打下必要的机器人技术基础。

本书介绍了工业机器人的产生、发展和分类概况,工业机器人的组成、特点和技术性能等入门知识;全面系统地阐述了工业机器人本体的机械结构以及谐波减速器、RV减速器等核心部件的结构原理;对工业机器人的手动操作、示教编程、再现运行等在线编程技术进行了深入具体的介绍;对工业机器人的离线编程技术的实现进行了详细的说明;对工业机器人视觉系统的原理以及工作站搭建过程进行了完整详细的阐述。本书有如下特点:

(1) 在内容编排上,改变了以理论知识点为体系的框架,而是以项目任务为主线组织编排教材。

(2) 针对培养应用型人才的特点淡化了一些烦琐的理论知识和公式计算,突出理论与实际的结合,重点结合企业生产实际。

(3) 包含大量案例和实用插图,有助于读者拓展专业知识面,便于读者独立学习。

(4) 反映智能制造行业最新的技术和标准。

(5) 打破学科界限,融入机械设计技术、工业控制器技术、程序设计技术、传感器技术等有用知识,读者可以更加深入全面地掌握工业机器人应用技术。

本书由韩珂、蔡小波、司兴登任主编。全书共 10 个项目：项目 1 由长江职业学院聂金桥编写；项目 2 和项目 7 由马鞍山职业技术学院夏兴国编写；项目 3 和项目 8 由昆明冶金高等专科学校韩珂编写；项目 4 由昆明冶金高等专科学校李慧东编写；项目 5 由广东机电职业技术学院朱旭义编写；项目 6 由昆明冶金高等专科学校司兴登编写；项目 9 由昆明冶金高等专科学校朱黎江和长沙职业技术学院陈莉编写；项目 10 由昆明冶金高等专科学校蔡小波编写。参与编写的还有广州工程技术职业学院题诗诗，湖北职业技术学院刘红芳，湖北工业职业技术学院沈玲，嘉兴技师学院周斌斌，昆明冶金高等专科学校朱慧军、李映辉、向丽萍、王爽、赵长梅、徐林东等老师。本书由昆明冶金高等专科学校马志诚教授主审。在此一并表示感谢！

由于时间仓促，加之编者水平有限，书中难免存在不足和疏漏，敬请广大读者批评指正。

编 者

2018 年 1 月

目　　录

项目1　工业机器人认知 …………………………………………………………………（1）
　　任务1　工业机器人的基本概念 ……………………………………………………（1）
　　任务2　工业机器人的历史、现状与发展 …………………………………………（2）
　　任务3　工业机器人的应用 …………………………………………………………（9）
　　思考与实训 ……………………………………………………………………………（16）
项目2　工业机器人的组成及特征 ………………………………………………………（17）
　　任务1　工业机器人的基本组成 ……………………………………………………（17）
　　任务2　工业机器人的工作原理 ……………………………………………………（24）
　　思考与实训 ……………………………………………………………………………（30）
项目3　工业机器人的本体结构 …………………………………………………………（31）
　　任务1　工业机器人本体的结构及特点 ……………………………………………（31）
　　任务2　机身及臂部结构（实训） …………………………………………………（35）
　　任务3　腕部及手部结构（实训） …………………………………………………（38）
　　思考与实训 ……………………………………………………………………………（40）
项目4　工业机器人控制系统 ……………………………………………………………（42）
　　任务1　工业机器人的控制方式及特点 ……………………………………………（42）
　　任务2　工业机器人控制系统的主要功能 …………………………………………（45）
　　任务3　工业机器人的坐标 …………………………………………………………（52）
　　思考与实训 ……………………………………………………………………………（58）
项目5　工业机器人现场编程 ……………………………………………………………（59）
　　任务1　示教器使用操作（实训） …………………………………………………（59）
　　任务2　机器人的手动操作 …………………………………………………………（62）
　　任务3　机器人编程语言（实训） …………………………………………………（65）
　　思考与实训 ……………………………………………………………………………（69）
项目6　工业机器人视觉系统 ……………………………………………………………（71）
　　任务1　位置与测距传感器 …………………………………………………………（71）
　　任务2　角速度传感器 ………………………………………………………………（73）
　　任务3　视觉系统的硬件组成与应用 ………………………………………………（76）
　　任务4　其他类型传感器 ……………………………………………………………（79）
　　思考与实训 ……………………………………………………………………………（81）
项目7　工业机器人驱动系统 ……………………………………………………………（82）
　　任务1　工业机器人液压驱动 ………………………………………………………（82）

任务2　工业机器人气压驱动 …………………………………………………… (89)
　　任务3　工业机器人电动驱动 …………………………………………………… (99)
　　思考与实训 ………………………………………………………………………… (104)
项目8　工业机器人离线仿真 ………………………………………………………… (105)
　　任务1　工业机器人的编程方式 ………………………………………………… (105)
　　任务2　工业机器人工作站系统模型构建 ……………………………………… (108)
　　任务3　在RobotStudio中手动操作机器人与创建工件坐标 ………………… (117)
　　任务4　在RobotStudio中机器人运动控制 …………………………………… (120)
　　思考与实训 ………………………………………………………………………… (126)
项目9　ABB工业机器人搬运工作站 ………………………………………………… (127)
　　任务1　工业机器人搬运工作站的认识 ………………………………………… (127)
　　任务2　ABB搬运工作站RobotStudio知识准备 ……………………………… (134)
　　任务3　ABB搬运工作站的建立 ………………………………………………… (141)
　　思考与实训 ………………………………………………………………………… (155)
项目10　工业机器人工作站系统集成 ………………………………………………… (156)
　　任务1　工业机器人工作站集成总体设计 ……………………………………… (156)
　　任务2　工业机器人工作站的集成安装与维护 ………………………………… (164)
　　任务3　工业机器人工作站的调试 ……………………………………………… (171)
　　思考与实训 ………………………………………………………………………… (174)
参考文献 ………………………………………………………………………………… (175)

项目1　工业机器人认知

学习目标

(1) 了解工业机器人的定义和特点；
(2) 掌握工业机器人的历史、现状及发展；
(3) 掌握工业机器人的应用领域；
(4) 了解 ABB 工业机器人的相关知识。

知识要点

(1) 工业机器人的定义；
(2) 工业机器人的发展史；
(3) 工业机器人的应用。

任务1　工业机器人的基本概念

1. 工业机器人的定义

为什么要用机器人？

有些工作对人体有伤害，如喷漆、搬运重物；有些产品要求极高的质量，如焊接、精密装配；有些工作人难以参与，如核燃料加注、高温熔炉；有些工作枯燥乏味，如流水生产线。

什么是工业机器人？

1910 年捷克斯洛伐克作家卡雷尔·恰佩克在他的科幻小说中，根据 Robota(捷克文，原意为"劳役、苦工")和 Robotnik(波兰文，原意为"工人")，创造出"机器人"这个词。

机器人是自动执行工作的机器装置。它既可以接受人类指挥，又可以运行预先编排的程序，也可以根据人工智能技术制定的原则纲领行动。它的任务是协助或取代人类来工作，例如生产业、建筑业，或是危险的工作。机器人是高度整合控制论、机械电子、计算机、材料和仿生学的产物。目前在工业、医学、农业、军事，甚至日常生活等领域中均有重要用途。联合国标准化组织采纳了美国机器人协会给机器人下的定义：一种可编程和多功能的，用来搬运材料、零件、工具的操作机；或是为了执行不同的任务而具有可改变和可编程动作的专门系统。

工业机器人是面向工业领域的多关节机械手或多自由度的机器装置，它能自动执行工作任务，是靠自身动力和控制能力来实现各种功能的一种机器。

2. 工业机器人的特点

(1) 可编程。生产自动化的进一步发展是柔性自动化。工业机器人可随其工作环境变化的需要而再编程,因此它在小批量多品种具有均衡高效率的柔性制造过程中能发挥很好的功用,是柔性制造系统中的一个重要组成部分。

(2) 拟人化。工业机器人在机械结构上有类似人的行走、腰转、大臂、小臂、手腕、手爪等部分,在控制上有计算机。此外,智能化工业机器人还有许多类似人类的"生物传感器",如皮肤型接触传感器、力传感器、负载传感器、视觉传感器、声觉传感器、语言功能等。传感器提高了工业机器人对周围环境的自适应能力。

(3) 通用性。除了专门设计的专用工业机器人外,一般工业机器人在执行不同的作业任务时具有较好的通用性。比如,更换工业机器人手部末端执行器(手爪、工具等)便可执行不同的作业任务。

(4) 工业机器人技术涉及的学科相当广泛,归纳起来是机械学和微电子学的结合,也就是机电一体化技术。第三代智能机器人不仅具有获取外部环境信息的各种传感器,而且还具有记忆能力、语言理解能力、图像识别能力、推理判断能力等人工智能,这些都是微电子技术的应用,特别是与计算机技术的应用密切相关。因此,机器人技术的发展必将带动其他技术的发展,机器人技术的发展和应用水平也可以验证一个国家科学技术和工业技术的发展水平。

任务 2　工业机器人的历史、现状与发展

1. 机器人发展的历史

机器人的发展大致经历了三个成长阶段,也即三个时代。第一代为简单个体机器人,第二代为群体劳动机器人,第三代为类似人类的智能机器人,它的未来发展方向是有知觉、有思维、能与人对话。第一代机器人属于示教再现型,第二代机器人则具备了感觉能力,第三代机器人是智能机器人,它不仅具有感觉能力,而且还具有独立判断和行动的能力。

图 1-1　尤尼梅特

1959 年美国英格伯格和德沃尔制造出世界上第一台工业机器人,机器人的历史才真正开始。英格伯格在大学攻读伺服理论,这是一种研究运动机构如何才能更好地跟踪控制信号的理论。德沃尔曾于 1946 年发明了一种系统,可以"重演"所记录的机器的运动。1954 年,德沃尔又获得可编程机械手专利,这种机械手臂按程序进行工作,可以根据不同的工作需要编制不同的程序,因此具有通用性和灵活性。英格伯格和德沃尔都在研究机器人,认为汽车工业最适于用机器人干活,因为汽车工业是用重型机器进行工作,生产过程较为稳定。此后英格伯格和德沃尔成立了"尤尼梅逊"公司,兴办了世界上第一家机器人制造工厂。第一批工业机器人被称为"尤尼梅特"(见图 1-1),意思是"万能自动"。他们因此被称为机器人之父。1962 年美国机械与铸造公司也制造出工业机器人,称为"沃尔萨特兰",意思是"万能搬动"。"尤尼梅特"和"沃尔萨特兰"就成为世界上最早的、至今仍在使用的工业机器人。英格伯格和德沃尔制造的工业机器人是第一代机器人,属于示教再现型,即

人手把着机械手,把应当完成的任务做一遍(见图1-2),或者人用"示教控制盒"发出指令,让机器人的机械手臂运动,一步步完成它应当完成的各个动作(见图1-3)。

图1-2　手把手示教

图1-3　示教器示教

第二代机器人是有感觉的机器人,它们对外界环境有一定感知能力,并具有听觉、视觉、触觉等功能。机器人工作时,根据感觉器官(传感器)获得的信息,灵活调整自己的工作状态,保证在适应环境的情况下完成工作。如:有触觉的机械手可轻松自如地抓取鸡蛋,具有嗅觉的机器人能分辨出不同饮料和酒类。排爆机器人属于第二代机器人(见图1-4)。20世纪70年代,第二代机器人开始有了较大发展,进入对外界环境实用阶段,并开始普及。图1-5所示为配备视觉系统的机器人。

图1-4　排爆机器人

图1-5　配备视觉系统的机器人

第三代机器人是智能机器人,它不仅具有感觉能力,而且还具有独立判断和行动的能力,并具有记忆、推理和决策的能力,因而能够完成更加复杂的动作,如下棋(见图1-6)。第三代机器人的中央计算机控制手臂和行走装置,使机器人的手完成作业,脚完成移动,机器人能够用自然语言与人对话。智能机器人在发生故障时,通过自我诊断装置能自我诊断出故障部位,并能自我修复。今天,智能机器人的应用范围大大地扩展了,除工农业生产外,机器人被应用到各行各业,已具备了人类的特点(见图1-7)。机器人向着智能化、拟人化方向发展的道路是没有止境的。

当今工业机器人技术正逐渐向着具有行走能力、具有多种感知能力、具有较强的对作业环境的自适应能力的方向发展。智能机器人的功能与人更接近了,但是它与人相比还相差很远。人有智力、情感和意识,目前最高级的机器人的智力也只相当于小孩子的智力,但没有情感和意识。有的机器人有表情,但还没有情感。

图 1-6　机器人下棋

图 1-7　智能机器人

2. 工业机器人发展的现状

目前工业生产中应用的机器人大多还是第一代机器人。有资料显示我国在用的工业机器人的比例分配如图 1-8 所示。全球工业机器人的四大家族是 ABB、库卡（KUKA，德国）、发那科（FANUC，日本）和安川电机（YASKAWA，日本）。此外还有松下（Panasonic，日本）、川崎（Kawasaki robot，日本）、那智不二越（NACHI，日本）、现代（HYUNDAI，韩国）、史陶比尔（STAUBIL，法国）、艾默生（Emerson，美国）、优傲（Universal Robots，丹麦）等国外机器人具有较高的知名度。

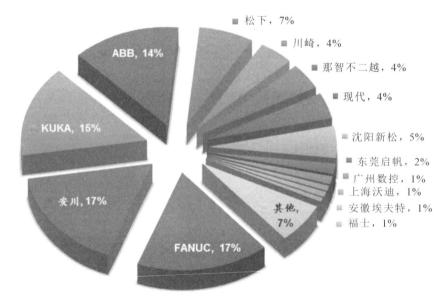

图 1-8　我国工业机器人市场品牌占比分配

1）ABB

ABB 是一家瑞士-瑞典的跨国公司，专长于重电机、能源、自动化等领域。在全球一百多个国家设有分公司或办事处。总公司设于瑞士的苏黎世。ABB 是机器人技术的开拓者和领导者。ABB 拥有当今最多种类的机器人产品、技术和服务。

2011 年 ABB 集团销售额达 380 亿美元，其中在华销售额达 51 亿美元，同比增长了 21%。近年来，国际上一些先进的机器人企业瞄准了中国庞大的市场需求，大举进入中国。

目前，ABB 机器人产品（见图 1-9）和解决方案已广泛应用于汽车制造、食品饮料、计算机和消费电子等众多行业的焊接、装配、搬运、喷涂、精加工、包装和码垛等不同作业环节，帮助客户大大提高了生产率。例如,安装到雷柏公司深圳厂区生产线上的 70 台 ABB 最小的机器人 IRB120,不仅将工人从繁重枯燥的机械化工作中解放出来,实现生产效率的成倍提高,而且使成本也降低了一半。另外,这些机器人的柔性特点还帮助雷柏公司降低了工程设计难度,使自动设备的开发时间比预期缩短了 15%。

图 1-9　ABB 机器人

2) 库卡

德国的库卡(KUKA)公司于 1973 年研发了名为 FAMULUS 的第一台工业机器人。这是世界上第一台机电驱动的六轴机器人。1995 年库卡机器人技术脱离库卡焊接及机器人有限公司独立成立有限公司。现今库卡专注于向工业生产过程提供先进的自动化解决方案。公司出品四轴和六轴机器人,有效载荷范围达 3～1300 kg,机械臂展达 350～3700 mm,机型包括:SCARA、码垛机、门式及多关节机器人,皆采用基于通用 PC 控制器的平台控制。

库卡机器人可用于物料搬运、加工、堆垛、点焊和弧焊,涉及自动化、金属加工、食品和塑料等行业,同时还适用于医院,比如脑外科及放射造影。库卡工业机器人的用户包括:通用汽车、克莱斯勒、福特、保时捷、宝马、奥迪、奔驰、大众、法拉利、哈雷戴维森、一汽大众、波音、西门子、宜家、施华洛世奇、沃尔玛、百威啤酒、BSN Medical、可口可乐等。

库卡工业机器人在多部好莱坞电影中出现过。在电影《新铁金刚之不日杀机》中,在冰岛的一个冰宫,国家安全局特工受到激光焊接机器人的威胁;在电影《达·芬奇密码》中,一个机械人递给罗伯特·兰登一个装有密码筒的箱子等。这些都是使用的库卡机器人(见图 1-10)。

图 1-10　库卡机器人

3) FANUC

FANUC(发那科)是日本一家专门研究数控系统的公司,成立于1956年。该公司是世界上最大的专业数控系统生产厂家,占据了全球数控系统70%的市场份额。FANUC在1959年首先推出了电液步进电机,在后来的若干年中逐步发展并完善了以硬件为主的开环数控系统。进入20世纪70年代,微电子技术、功率电子技术,尤其是计算机技术得到了飞速发展,FANUC公司毅然舍弃了使其发家的电液步进电机数控产品,从GETTES公司引进直流伺服电机制造技术。

1976年FANUC公司成功研制数控系统5,随后又与SIEMENS公司联合研制了具有先进水平的数控系统7,从这时起,FANUC公司逐步发展成世界上最大的专业数控系统生产厂家。

自1974年FANUC首台机器人问世以来,FANUC致力于机器人技术上的领先与创新,是世界上唯一一家由机器人来做机器人的公司,也是世界上唯一一家提供集成视觉系统的机器人企业,同时是世界上唯一一家既提供智能机器人又提供智能机器的公司。FANUC机器人产品系列多达240种,负载从0.5 kg到1.35 t,广泛应用在装配、搬运、焊接、铸造、喷涂、码垛等不同生产环节,满足客户的不同需求(见图1-11)。

图1-11 FANUC机器人

2008年6月,FANUC成为世界上第一个机器人生产突破20万台的厂家;2011年,FANUC全球机器人装机量已超25万台,市场份额稳居第一。

4) 安川

安川的多功能机器人莫托曼以"提供解决方案"为概念,在重视客户间交流对话的同时,针对更宽广的需求和多种多样的问题提供最为合适的解决方案,并实行对FA、CIM系统的全线支持。

截至2011年3月,安川的机器人累计出售台数已突破23万台,活跃在从日本国内到世界各国的汽车零部件、机器、电机、金属、物流等各个产业领域中(见图1-12)。

5) 柯马

早在1978年,柯马便率先研发并制造了第一台机器人,取名为POLARHYDRAULIC机器人。在之后的几十年当中,柯马以其不断创新的技术,成为了机器人自动化集成解决方案的佼佼者。柯马公司研发出的全系列机器人产品,负载最小可至6 kg,最大可达800 kg。

图 1-12 日本安川机器人

柯马最新一代 Smart 系列机器人是针对点焊、弧焊、搬运、压机自动连线、铸造、涂胶、组装和切割的 Smart 自动化应用方案的技术核心。其"中空腕"机器人 NJ4 在点焊领域更是具有无与伦比的技术优势。

SmartNJ4 系列机器人全面覆盖第四代产品的基本特征,采用新的动力学结构设计,减轻了机器人重量,在获得更好表现的同时,缩短了周期时间,减少了能量消耗,在降低运营成本的同时产品性能又有了很大的提高。柯马 SmartNJ4 系列机器人的很多特性都能够给客户耳目一新的感觉。首先,中空结构使得所有焊枪的电缆和信号线都能穿行在机器人内部,保障了机器人的灵活性、穿透性和适应性。其次,标准和紧凑版本的自由选择,能够依据客户的项目需求最优化地配置现场布局。另外,节省能源、完美的系统化结构、集成化的外敷设备等都使 SmartNJ4 系列机器人成为一个特殊而具有革命性的项目(见图 1-13)。

图 1-13 柯马机器人

6)那智不二越

那智不二越(那智)公司是 1928 年在日本成立的,是从原材料产品到机床的全方位综合制造型企业。有机械加工、工业机器人、功能零部件等丰富的产品,应用的领域也十分广泛,例如航天工业、轨道交通、汽车制造、机加工等。

那智不二越的整个产品系列主要是针对汽车产业的。可以说,那智不二越的产品是跟着汽车行业走的。哪里有汽车生产制造,哪里就有那智不二越的产品。该公司不仅有机器人,还有其他的产品,比如轴承、液压件等汽车配件。那智不二越是从材料开始做,然后到钢材、加工刀具、轴承、液压件、机床以及机器人，这些产品大多都跟汽车制造业相关（见图1-14）。

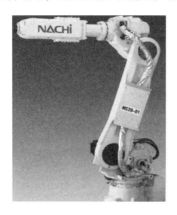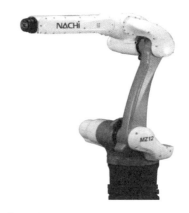

图1-14　那智机器人

3. 我国工业机器人的发展

我国的工业机器人研究开始于20世纪80年代中期，在国家的支持下，通过"七五""八五"科技攻关，已经基本实现了实验、引进到自主开发的转变，促进了我国制造、勘探等行业的发展。但随着我国门户的逐渐开放，国内的工业机器人产业面临着越来越大的竞争与冲击。虽然我国机器人的需求量逐年增加，但目前生产的机器人还很难达到所要求的质量，很多机器人的关键部件还需要进口。所以从目前来说，我国还是一个机器人消费型国家。

现在，我国从事机器人研发的单位有200多家，专业从事机器人产业开发的企业有50家以上。在众多专家的建议和规划下，"七五"期间由机电部主持，中央各部委、中科院及地方科研院所和大学参加，国家投入相当大的资金，进行了工业机器人基础技术、基础元器件、工业机器人整机及应用工程的开发研究。"九五"期间，在国家"863"计划项目的支持下，沈阳新松机器人自动化股份有限公司、哈尔滨博实自动化设备有限责任公司、上海机电一体化工程公司、北京机械工业自动化所、四川绵阳思维焊接自动化设备有限公司等确立为智能机器人主题产业基地。此外，还有上海富安工厂自动化公司、哈尔滨焊接研究所、国家机械局机械研究院及北京机电研究所、首钢莫托曼公司、安川北科公司、奇瑞汽车股份有限公司等都以其研发生产的特色机器人或应用工程项目而活跃在我国工业机器人市场上。

中国制造2025策略中十大领域包括高档数控机床和工业机器人领域。近几年国内的机器人产业取得了长足的发展。新松机器人的机器人产品线涵盖工业机器人、洁净（真空）机器人、移动机器人、特种机器人及智能服务机器人五大系列，其中工业机器人产品填补多项国内空白，创造了中国机器人产业发展史上88项第一的突破；洁净（真空）机器人多次打破国外技术垄断与封锁，大量替代进口；移动机器人产品综合竞争优势在国际上处于领先水平，被美国通用等众多国际知名企业列为重点采购目标；特种机器人在国防重点领域得到批量应用。在高端智能装备方面已形成智能物流、自动化成套装备、洁净装备、激光技术装备、轨道交通、节能环保装备、能源装备、特种装备的产业群组化发展。国内机器人发展的瓶颈是精密减速器和伺服系统的成本过高。

4. 工业机器人的研究趋势

随着工业机器人应用范围的扩大，建筑、农业、采矿、灾难救援等非制造业行业，国防军事领域，医疗领域，日常生活领域等对机器人的需求越来越大。因此，适合应用的更为智能的机器人技术必将成为未来的研究热点。

（1）工业机器人的应用领域将会由传统的制造业，如冶金、石油、化工、船舶、采矿等领域扩大到航空、航天、核能、医药、生化等高科技领域，同时工业机器人也会逐步走向家庭，成为家庭机器人。此外，一些高危行业也会逐步引入工业机器人代替人来完成危险的任务，如消防、排雷、修理高压线、下水道清洁。人类的生活将会越来越离不开工业机器人，它们将会丰富我们的文化生活。

（2）工业机器人可能会有向小型化发展的趋势。ABB公司的一款小型机器人"IRB120"自重只有25 kg，但是工作能力位居业内领先水平，它的工作范围可达580 mm，每千克物料拾取节拍仅需0.58 s，定位精度高达0.01 mm，投入市场后非常受欢迎。因此工业机器人有可能往小型化发展。小型的工业机器人有其优势，按照以往的思路都是机器人要比它加工的部件大，但随着航空、航天、核电等技术的发展，工件尺寸越来越大，继续扩大工业机器人的尺寸会导致成本太高，因此可以换一种思路，将工业机器人做小，直接在工件上实施加工。

（3）工业机器人将会有和新发展的技术结合的趋势，如搅拌摩擦焊、高能激光切割、变速箱装配、板金属变形等。一些传统的加工过程也会由工业机器人来执行，如激光切割、激光焊接、粘接、去毛刺、测量等。

（4）降低工业机器人的生产成本，提高高端工业机器人的质量，增强机器人的灵活性，增强产品可靠性，降低机器人整个生命周期的维护费用，简化机器人的安装过程、系统集成及编程设置依旧是工业机器人的发展方向。

任务3　工业机器人的应用

随着技术的进步，工业机器人的应用领域也在快速扩张，其应用的主要领域如图1-15所示。

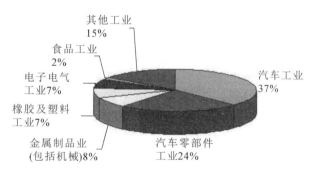

图1-15　工业机器人在中国应用的主要领域

在中国61%的工业机器人应用于汽车制造业，其中24%为零部件工业；在发达国家，汽车工业机器人占机器人总保有量的53%以上。据统计，世界各大汽车制造厂，年产每万辆汽车所拥有的机器人数量为10台以上。随着机器人技术的不断发展和日臻完善，工业机器人必将对汽车制造业的发展起到极大的促进作用。而中国正由制造大国向制造强国迈进，亟需提升加工手段，提高产品质量，增加企业竞争力，这一切都预示机器人的发展前景巨大。

工业机器人在电子电气行业的应用较普遍。目前世界工业界装机最多的工业机器人是

SCARA型四轴机器人。第二位的是串联关节型垂直六轴机器人。在手机生产领域,视觉机器人应用于分拣装箱、撕膜系统、激光塑料焊接,高速四轴码垛机器人适用于触摸屏检测、擦洗、贴膜等一系列流程的自动化系统。专区内机器人均由国内生产商根据电子生产行业需求所特制,小型化、简单化满足了电子组装加工设备日益精细化的需求,而自动化加工更是大大提升了生产效益。据有关数据表明,产品通过机器人抛光,成品率可从87%提高到93%,因此无论"机器手臂"还是更高端的机器人,投入使用后都会使生产效率大幅提高。

塑料工业的合作紧密度和专业化程度高,塑料的生产、加工和机械制造紧密相连。从汽车和电子工业到消费品和食品工业都离不开塑料。机械制造作为联系生产和加工的工艺技术在此发挥着至关重要的作用。原材料通过注塑机和工具被加工成用于精加工的创新型精细耐用的成品或半成品——通过采用自动化解决方案,生产工艺更高效,更经济可靠。

化工行业是工业机器人主要应用领域之一。目前应用于化工行业的主要洁净机器人及其自动化设备有大气机械手、真空机械手、洁净镀膜机械手、洁净AGV/RGV及洁净物流自动传输系统等。

前瞻产业研究院《2016—2021年中国工业机器人行业产销需求预测与转型升级分析报告》中的数据显示:2015年我国工业机器人产量为32996台,同比增长21.7%;2016年机器人产业继续保持快速增长,2016年一季度我国工业机器人产量为11497台,同比增长19.9%。此外,数据显示,2015年我国自主品牌工业机器人生产销售达22257台,同比增长31.3%。国产自主品牌得到了一定程度的发展,但与发达国家相比,仍有一定差距。

未来全球工业机器人市场趋势包括:大国政策主导,促使工业与服务机器人市场增长;汽车工业仍为工业机器人主要用户;双臂协力型机器人为工业机器人市场新亮点。

1. 工业机器人常见的四大应用领域

1) 机器人搬运应用(38%)

目前搬运仍然是机器人的第一大应用领域,约占机器人应用整体的4成。许多自动化生产线需要使用机器人进行上下料、搬运以及码垛等操作。近年来,随着协作机器人的兴起,搬运机器人的市场份额一直呈增长态势。

搬运机器人是可以进行自动化搬运作业的工业机器人。最早的搬运机器人出现在美国,1962年Versatran和Unimate两种工业机器人首次用于搬运作业。搬运作业是指用机械手等设备握持工件,从一个加工位置移到另一个加工位置。搬运机器人可安装不同的机械手以完成各种不同形状和状态的工件搬运工作,它可以大大地减轻工人繁重的体力劳动(见图1-16)。目前世界上使用的搬运机器人逾几十万台,它们被广泛地应用于机床上下料、冲压机自动化生产线、自动装配流水线、码垛搬运、集装箱等自动搬运。许多发达国家已经制定出了人工搬运的最大限度,超过限度的搬运必须要由搬运机器人来完成。

2) 机器人焊接应用(29%)

机器人焊接应用主要包括在汽车行业中使用的点焊和弧焊。

用于点焊自动作业的工业机器人称为点焊机器人。世界上第一台点焊机器人于1965年开始使用,它是美国Unimation公司推出的Unimate机器人。我国也在1987年自行研制成功了第一台点焊机器人——华宇I型点焊机器人。点焊机器人由机械本体、计算机控制系统、示教盒和点焊焊接系统等部分组成,一般具有6个自由度(腰转、大臂转、小臂转、腕转、腕摆及腕捻)。它的驱动方式有液压驱动和电气驱动两种。其中电气驱动

项目 1 　工业机器人认知

药品码垛

化肥码垛

啤酒码垛

饮料码垛

工件搬运

建材码垛

图 1-16　搬运机器人

具有保养维修简便、能耗低、速度高、精度高、安全性好等优点,因此应用较为广泛。点焊机器人按照示教程序规定的动作、顺序和参数进行点焊作业,其过程是完全自动化的,并具有与外部设备通信的接口,可以通过该接口接收上一级主控和管理计算机的控制命令进行工作。

用于进行自动弧焊的工业机器人称为弧焊机器人。弧焊机器人的组成和原理与点焊机器人基本相同。我国在 20 世纪 80 年代中期研制出了华宇Ⅰ型弧焊机器人。一般的弧焊机器人是由示教盒、控制盘、机械本体及自动送丝装置、焊接电源等部分组成,可以在计算机的控制下实现连续轨迹控制和点位控制。它还可以利用直线插补和圆弧插补功能焊接由直线及圆弧所组成的空间焊缝。弧焊机器人主要有熔化极焊接作业和非熔化极焊接作业两种类型,具有可长期进行焊接作业,保证焊接作业的高生产率、高质量和高稳定性等特点。随着机器人技术的发展,弧焊机器人正向着智能化的方向发展。

点焊对焊接机器人的要求不是很高。因为点焊只需点位控制,而且在点与点之间移位时速度要快捷,但对焊钳在点与点之间的移动轨迹没有严格要求,这也是机器人最早只能用于点焊的原因。点焊机器人不仅要有足够的负载能力,而且要求平稳,定位准确,以减少移位的时间。弧焊过程比点焊过程要复杂得多,焊丝端头的运动轨迹、焊枪、姿态、焊接参数都要求精确控制。虽然点焊机器人比弧焊机器人更受欢迎,但是弧焊机器人近年来发展势头十分迅猛。许多加工车间都逐步引入焊接机器人,用来实现自动化焊接作业(见图 1-17)。

3）机器人装配应用(10%)

为完成装配作业而设计的工业机器人称为装配机器人。装配机器人是柔性自动化装配系统的核心设备,它由机械本体、机械手、控制系统、传感系统组成。其中机械本体的结构类

图 1-17　焊接机器人

型有水平关节型、直角坐标型、多关节型和圆柱坐标型等；机械手为适应不同的装配对象而设计成各种手爪和手腕等；控制系统一般采用多 CPU 或多级计算机系统，实现运动控制和运动编程；传感系统用来获取装配机器人与环境和装配对象之间相互作用的信息。常用的装配机器人有可编程通用装配操作手 PUMA 和平面双关节型机器人 SCARA 两种类型。与一般的工业机器人相比，装配机器人具有精度高、柔性好、工作范围小、能与其他系统配套使用等特点，主要用于各种电器制造行业。

装配机器人主要从事零部件的安装、拆卸以及修复等工作，由于近年来机器人传感器技术的飞速发展，机器人应用越来越多样化。装配机器人被广泛应用于各种电器的制造行业及流水线产品的组装作业，具有高效、精确、不间断工作的特点（见图 1-18）。

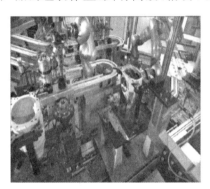

图 1-18　装配机器人

4）机器人喷涂应用（4%）

这里的机器人喷涂主要指的是涂装、点胶、喷漆等工作，只有 4% 的工业机器人从事喷涂的应用。喷漆机器人广泛地用于汽车、仪表、电器、搪瓷等生产部门。例如，在造船厂巨大的船台上，沉重的铁板一块一块被焊接起来，逐渐呈现出船的形状，数万吨级巨轮的船体一造完，接着就要对船体喷漆。喷漆工作不仅危险，而且对人体有危害。为此，开发出了喷漆机器人，它表面看来像瓢虫的形状，长宽各 1 m、高 40 cm、质量为 200 kg。它全身都有强力磁铁，能轻轻地贴在船体的铁板上，用马达驱动车轮，能够沿着铁的船壁自由移动，其速度最快时能达到 10 m/min。实际使用时，先在它的头部安装上喷漆装置，然后它就可以一边从三根喷管喷涂料，一边沿着船壁有条不紊地转圈移动，进行喷涂。图 1-19 所示为喷涂工业机器人。

图 1-19 喷涂机器人

2. 五类工业机器人及其关键技术

1) 移动机器人(AGV)

移动机器人(AGV)是工业机器人的一种类型,它由计算机控制,具有移动、自动导航、多传感器控制、网络交互等功能。它可广泛应用于机械、电子、纺织、卷烟、医疗、食品、造纸等行业的柔性搬运、传输等,也用于自动化立体仓库、柔性加工系统、柔性装配系统(以AGV作为活动装配平台),同时还可在车站、机场、邮局的物品分拣中作为运输工具(见图1-20)。

图 1-20 移动机器人

移动机器人是国际物流技术发展的新趋势之一,作为其中的核心技术和设备,是用现代物流技术配合、支撑、改造、提升传统生产线,以实现点对点自动存取的高架箱储、作业和搬运相结合,实现精细化、柔性化、信息化,缩短物流流程,降低物料损耗,减少占地面积,降低建设投资等。

关键技术包括:

(1) AGV的导航技术。AGV之所以能够实现无人驾驶,导航和导引对其起到了至关重要的作用。随着技术的发展,目前能够用于AGV的导航/导引技术主要有以下几种:直接坐标、电磁导引、磁带导引、光学导引、激光导航、惯性导航、视觉导航、GPS(全球定位系统)导航。

对国外十几家AGV公司27个系列产品所采用的主要导向技术的统计结果显示,电磁感应、惯性导航、光学检测、位置设定、激光检测、图像识别所占比例分别为32.3%、27.8%、16.9%、13.8%、7.69%和1.54%。其中,电磁感应导向技术的应用比例最高,这表明该项技术已经十分成熟。而机器视觉导向技术应用较少,说明该项技术还需要深入研究和不断完善。另外,自主导航技术仍然处在研究阶段,还有许多技术问题需要解决。

(2) AGV路径规划方式。多AGV的路径规划作为直接影响多AGV系统整体性能的重要部分,一直备受广大学者的关注。AGV的路径规划是根据AGV运行的实际环境设计出

AGV运行的路径轨迹，AGV单机按照地面控制系统下发的段表中的路径（段）属性自动行驶。

（3）AGV的导引技术。AGV的导引是指根据AGV导航所得到的位置信息，按AGV的路径所提供的目标值计算出AGV的实际控制命令值，即给出AGV的设定速度和转向角，这是AGV控制技术的关键。简单看来，AGV的导引控制就是AGV轨迹跟踪。这对有线式的导引（电磁、磁带等导引方式）不会有太多的问题，但对无线式的导引（激光、惯性等导引方式）则不是一件容易的事。

2）弧焊机器人

弧焊机器人主要应用于各类汽车零部件的焊接生产。在该领域，国际大型工业机器人生产企业主要以向成套装备供应商提供单元产品为主。

关键技术包括：

（1）弧焊机器人系统优化集成技术。弧焊机器人采用交流伺服驱动技术以及高精度、高刚性的RV减速机和谐波减速器，具有良好的低速稳定性和高速动态响应能力，并可实现免维护功能。

（2）协调控制技术。可控制多机器人及变位机协调运动，既能保持焊枪和工件的相对姿态以满足焊接工艺的要求，又能避免焊枪和工件的碰撞。

（3）精确焊缝轨迹跟踪技术。结合激光传感器和视觉传感器离线工作方式的优点，采用激光传感器实现焊接过程中的焊缝跟踪，提升焊接机器人对复杂工件进行焊接的柔性和适应性；结合视觉传感器离线观察获得焊缝跟踪的残余偏差，基于偏差统计获得补偿数据并进行机器人运动轨迹的修正，在各种工况下都能获得最佳的焊接质量。

3）激光加工机器人

激光加工机器人是将机器人技术应用于激光加工中，通过高精度工业机器人实现更加柔性的激光加工作业。本系统通过示教盒进行在线操作，也可通过离线方式进行编程。该系统通过对加工工件的自动检测，产生加工工件的模型，继而生成加工曲线，也可以利用CAD数据直接加工。激光加工机器人可用于工件的激光表面处理、打孔、焊接和模具修复等（见图1-21）。

图1-21 激光加工机器人

关键技术包括：

（1）激光加工机器人结构优化设计技术。采用大范围框架式本体结构，在增大作业范围的同时，保证机器人精度。

（2）机器人系统的误差补偿技术。针对一体化加工机器人工作空间大、精度高等要求，并结合其结构特点，采取非模型方法与模型方法相结合的混合机器人补偿方法，完成了几何参数误差和非几何参数误差的补偿。

(3) 高精度机器人检测技术。将三坐标测量技术和机器人技术相结合,实现了机器人高精度在线测量。

(4) 激光加工机器人专用语言实现技术。根据激光加工及机器人作业特点,完成激光加工机器人专用语言。

(5) 网络通信和离线编程技术。具有串口、CAN等网络通信功能,实现了对机器人生产线的监控和管理,并实现了上位机对机器人的离线编程控制。

4) 真空机器人

真空机器人是一种在真空环境下工作的机器人,主要应用于半导体工业中,实现晶圆在真空腔室内的传输。真空机械手难进口、受限制、用量大、通用性强,是制约半导体装备整机研发进度和整机产品竞争力的关键部件,而且国外对中国买家审查极严,归属于禁运产品目录。真空机器人技术已成为严重制约我国半导体设备整机装备制造的"卡脖子"问题。直驱型真空机器人技术属于原始创新技术。

关键技术包括:

(1) 真空机器人新构型设计技术。通过结构分析和优化设计,避开国际专利,设计新构型满足真空机器人对刚度和伸缩比的要求。

(2) 大间隙真空直驱电机技术。涉及大间隙真空直接驱动电机和高洁净直驱电机的电机理论分析、结构设计、制作工艺、电机材料表面处理、低速大转矩控制、小型多轴驱动器等方面。

(3) 真空环境下的多轴精密轴系的设计。采用轴在轴中的设计方法,减小轴之间的不同心以及惯量不对称的问题。

(4) 动态轨迹修正技术。通过传感器信息和机器人运动信息的融合,检测出晶圆与手指之间基准位置的偏移,通过动态修正运动轨迹,保证机器人准确地将晶圆从真空腔室中的一个工位传送到另一个工位。

(5) 符合SEMI标准的真空机器人语言。根据真空机器人搬运要求、机器人作业特点及SEMI标准,完成真空机器人专用语言。

(6) 可靠性系统工程技术。在IC制造中,设备故障会带来巨大的损失。根据半导体设备对MCBF的高要求,对各个部件的可靠性进行测试、评价和控制,提高机械手各个部件的可靠性,从而保证机械手满足IC制造的高要求。

5) 洁净机器人

洁净机器人是一种在洁净环境中使用的工业机器人。随着生产技术水平不断提高,对生产环境的要求也日益苛刻,很多现代工业产品生产都要求在洁净环境进行,洁净机器人是洁净环境下生产需要的关键设备。

关键技术包括:

(1) 洁净润滑技术。通过采用负压抑尘结构和非挥发性润滑脂,实现环境无颗粒污染,满足洁净要求。

(2) 高速平稳控制技术。通过优化轨迹和提高关节伺服性能,实现洁净搬运的平稳性。

(3) 控制器的小型化技术。洁净室建造和运营成本高,通过控制器小型化技术减小洁净机器人的占用空间。

(4) 晶圆检测技术。借助光学传感器,能够通过机器人的扫描,获得卡匣中晶圆有无缺片、倾斜等信息。

随着智能装备的发展,机器人在工业制造中的优势越来越显著,机器人企业也如雨后春笋般出现。然而占据主导地位的还是那些龙头企业。

思考与实训

(1) 简述工业机器人的概念。

(2) 简述工业机器人的特点。

(3) 简述工业机器人的发展。

(4) 简述工业机器人的现状。

(5) 简述工业机器人的应用。

项目 2　工业机器人的组成及特征

学习目标

了解工业机器人的组成结构。

知识要点

(1) 工业机器人运动驱动知识；
(2) 工业机器人关节传动知识；
(3) 工业机器人控制系统的主要功能；
(4) 工业机器人的周边设备；
(5) 工业机器人的工作原理。

训练项目

(1) 熟练掌握工业机器人的本体构成；
(2) 熟练掌握工业机器人的主要技术参数。

任务 1　工业机器人的基本组成

1.1　机器人的主要结构

机器人的组成结构如图 2-1 所示。

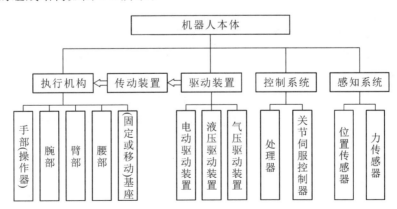

图 2-1　机器人的组成结构

1. 机器人驱动装置

概念：要使机器人运行起来，需给各个关节即每个运动自由度安置传动装置。

作用:为机器人提供各部位、各关节动作的原动力。

驱动系统:可以是电动传动、液压传动、气压传动,或者把它们结合起来应用的综合系统;可以是直接驱动或者通过同步带、链条、轮系、谐波齿轮等机械传动机构进行间接驱动。

1) 电动驱动

电动驱动装置的能源简单,速度变化范围大,效率高,速度和位置精度都很高,但它们多与减速装置相连,直接驱动比较困难。

电动驱动装置又可分为直流(DC)伺服电动机驱动、交流(AC)伺服电动机驱动和步进电动机驱动,如图 2-2 所示。直流伺服电动机的电刷易磨损,且易形成火花,无刷直流电动机也得到了越来越广泛的应用。步进电动机驱动多为开环控制,控制简单但功率不大,多用于低精度小功率机器人系统。电动驱动装置上电运行前要注意如下事项:

(1) 电源电压是否合适(过压很可能造成驱动模块的损坏);对于直流输入应注意+/-极是否接对;驱动控制器上的电动机型号或电流设定值是否合适(开始时不要太大)。

(2) 控制信号线要接牢靠,工业现场最好考虑屏蔽问题(如采用双绞线)。

(3) 不要开始时就把需要接的线全接上,而是只连成最基本的系统,待运行良好后,再逐步连接其他的线。

(4) 一定要搞清楚接地方法。

(5) 开始运行的半小时内要密切观察电动机的状态,如运行是否正常,声音和温升情况,发现问题立即停机调整。

直流伺服电动机　　　　步进电动机　　　　交流伺服电动机

图 2-2　机器人电动驱动装置

2) 液压驱动

液压驱动是通过高精度的缸体和活塞杆的相对运动来实现直线运动。

优点:功率大,可省去减速装置直接与被驱动的杆件相连,结构紧凑,刚度好,响应快,伺服驱动具有较高的精度。

缺点:需要增设液压源,易产生液体泄漏,不适合高、低温场合。

液压驱动目前多用于特大功率的机器人系统,使用时应注意如下事项:

(1) 选择适合的液压油。

(2) 防止固体杂质混入液压系统。

(3) 防止空气和水入侵液压系统。

(4) 机械作业要柔和平顺,避免粗暴,否则会产生冲击负荷,使机械故障频发,大大缩短使用寿命。

(5) 要注意气蚀和溢流噪声。作业中要时刻注意液压泵和溢流阀的声音,如果液压泵出现"气蚀"噪声,经排气后不能消除,应查明原因排除故障后再使用。

(6) 保持适宜的油温。液压系统的工作温度一般控制在 30～80℃ 为宜。

3) 气压驱动

气压驱动装置结构简单、清洁、动作灵敏,具有缓冲作用。但与液压驱动装置相比,功率较小,刚度差,噪声大,速度不易控制,所以多用于精度要求不高的点位控制机器人。气压驱动装置的应用特点如下:

(1) 速度快、系统结构简单,维修方便、价格低,适于在中、小负荷的机器人中采用。但难于实现伺服控制,多用于程序控制的机器人中,如上下料机器人和冲压机器人。

(2) 在多数情况下用于实现两位式的或有限点位控制的中、小机器人中。

(3) 控制装置目前多数选用可编程控制器(PLC 控制器)。在易燃易爆场合可采用气动逻辑元件组成控制装置。

2. 传动装置

传动装置是连接动力源和运动连杆的关键部分,根据关节形式,常用的传动机构形式有直线传动和旋转传动机构。

1) 直线传动机构

直线传动方式可用于直角坐标机器人的 X、Y、Z 向驱动,圆柱坐标结构的径向驱动和垂直升降驱动,以及球坐标结构的径向伸缩驱动。

直线运动可以通过齿轮、齿条、丝杠螺母等传动元件将旋转运动转换而来,也可以由直线驱动电动机驱动,抑或直接由气缸或液压缸的活塞产生。

(1) 齿轮齿条装置。如图 2-3 所示,通常齿条是固定的,齿轮的旋转运动转换成托板的直线运动。该装置结构简单,但回差较大。

(2) 滚珠丝杠装置。如图 2-4 所示,在丝杠和螺母的螺旋槽内嵌入滚珠,并通过螺母中的导向槽使滚珠能连续循环。

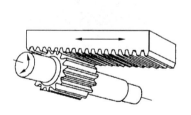

图 2-3 齿轮齿条装置

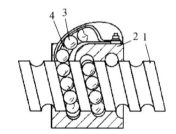

图 2-4 滚珠丝杠装置

1—丝杠;2—螺母;3—滚珠;4—导向槽

该装置的优点是摩擦力小,传动效率高,无爬行,精度高;缺点是制造成本高,结构复杂。

理论上滚珠丝杠副也可以自锁,但是在实际应用中没有使用这个自锁功能,原因主要是可靠性很差,加工成本很高(因为直径与导程比非常大)。一般都是再加一套蜗轮蜗杆之类的自锁装置。

2) 旋转传动机构

采用旋转传动机构的目的是将电动机的驱动源输出的较高转速转换成较低转速,并获得较大的力矩。机器人中应用较多的旋转传动机构有齿轮链、同步皮带和谐波齿轮。

(1) 齿轮链。齿轮链装置如图 2-5 所示。

① 转速关系:

图2-5 齿轮链装置

$$n = \frac{1000 \times 60 \times v}{z \times p}$$

其中 v 为链的速度，z 为链齿数，p 为链的节距。

② 力矩关系：

$$M_1 \times N_1 = M_2 \times N_2$$

即输入端的转矩乘以转速等于输出端的转矩乘以转速。

(2) 同步皮带。同步皮带是具有许多型齿的皮带，它与同样具有型齿的同步皮带轮相啮合，工作时相当于柔软的齿轮。

其优点是无滑动，柔性好，价格便宜，重复定位精度高。缺点是具有一定的弹性变形。

(3) 谐波齿轮。谐波齿轮由刚性齿轮、谐波发生器和柔性齿轮三个主要零件组成，一般刚性齿轮固定，谐波发生器驱动柔性齿轮旋转，如图2-6所示。

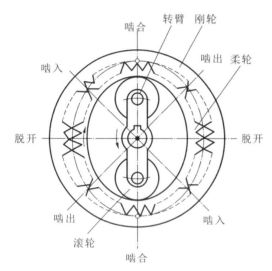

图2-6 谐波齿轮装置

谐波齿轮传动装置的主要特点如下：

① 传动比大，单级为50～300。
② 传动平稳，承载能力高。
③ 传动效率高，可达70%～90%。
④ 传动精度高，比普通齿轮传动高3～4倍。
⑤ 回差小。
⑥ 不能获得中间输出，柔轮刚度较低。

谐波传动装置在机器人技术比较先进的国家已得到了广泛的应用。仅就日本来说，机器人驱动装置的60%都采用了谐波传动。美国送到月球上的机器人，其各个关节部位都采用谐波传动装置，其中一支上臂就用了30个谐波传动机构。苏联送上月球的移动式机器人"登月者"，其成对安装的8个轮子均是用密闭谐波传动机构单独驱动的。德国大众汽车公司研制的ROHREN、GEROT R30型机器人和法国雷诺公司研制的VERTICAL 80型机器人等都采用了谐波传动机构。

3. 机器人传感系统

机器人传感系统由内部传感器模块和外部传感器模块组成,用以获取内部和外部环境状态中有意义的信息。智能传感器的使用提高了机器人的机动性、适应性和智能化的水准。对于一些特殊的信息,传感器比人类的感受系统更有效。

1)位置检测

旋转光学编码器是最常用的位置反馈装置。光电探测器把光脉冲转化成二进制波形。轴的转角通过计算脉冲数得到,转动方向由两个方波信号的相对相位决定。

感应同步器输出两个模拟信号——轴转角的正弦信号和余弦信号。轴的转角由这两个信号的相对幅值计算得到。感应同步器一般比编码器可靠,但它的分辨率较低。

电位计是最直接的位置检测器。它连接在电桥中,能够产生与轴转角成正比的电压信号。但是电位计的分辨率低、线性不好且对噪声敏感。

转速计能够输出与轴的转速成正比的模拟信号。如果没有这样的速度传感器,可以通过检测到的位置相对于时间的差分得到速度反馈信号。

2)力检测

力传感器通常安装在操作臂下述三个位置:

(1)安装在关节驱动器上。可测量驱动器/减速器自身的力矩或者力的输出,但不能很好地检测末端执行器与环境之间的接触力。

(2)安装在末端执行器与操作臂的终端关节之间(可称腕力传感器)。通常,可以测量施加于末端执行器上的3~6个力/力矩分量。

(3)安装在末端执行器的"指尖"上。通常,这些带有力觉的手指内安置了应变计,可以测量作用在指尖上的1~4个分力。

4. 机器人-环境交互系统

机器人-环境交互系统是实现工业机器人与外部环境中的设备相互联系和协调的系统。可以是工业机器人与外部设备集成为一个功能单元,如加工制造单元、焊接单元、装配单元等。也可以是多台机器人、多台机床或设备、多个零件存储装置等集成为一个去执行复杂任务的功能单元。

5. 人机交互系统

人机交互系统是使操作人员参与机器人控制并与机器人进行联系的装置。该系统归纳起来分为两大类:指令给定装置和信息显示装置。

1.2 工业机器人的控制系统

机器人控制系统是机器人的大脑,是决定机器人功能和性能的主要因素。机器人控制器是根据指令以及传感信息控制机器人完成一定动作或作业任务的装置。工业机器人控制器的主要任务就是控制工业机器人在工作空间中的运动位置、姿态、轨迹、操作顺序及动作的时间等。

1. 机器人控制器的功能与关键技术

机器人控制器具有编程简单、人机交互界面友好、在线操作方便等特点。其基本功能如下:

(1)示教功能。分为在线示教和离线示教两种方式。

（2）记忆功能。可存储作业顺序、运动路径和方式及与生产工艺有关的信息等。

（3）与外围设备联系功能。包括输入/输出接口、通信接口、网络接口等。

（4）传感器接口。包括位置检测、视觉、触觉、力觉等。

（5）故障诊断安全保护功能。可进行运行时的状态监视、故障状态下的安全保护和自诊断。

工业机器人控制的关键技术包括：

（1）开放性模块化的控制系统体系结构。采用分布式CPU计算机结构，分为机器人控制器(RC)、运动控制器(MC)、光电隔离I/O控制板、传感器处理板和编程示教盒等。机器人控制器(RC)和编程示教盒通过串口/CAN总线进行通信。机器人控制器(RC)的主计算机完成机器人的运动规划、插补和位置伺服以及主控逻辑、数字I/O、传感器处理等功能，而编程示教盒完成信息的显示和输入。

（2）模块化层次化的控制器软件系统。软件系统建立在基于开源的实时多任务操作系统Linux上，采用分层和模块化结构设计，以实现软件系统的开放性。整个控制器软件系统分为三个层次：硬件驱动层、核心层和应用层。三个层次分别面对不同的功能需求，对应不同层次的开发。系统中各个层次内部由若干个功能相对独立的模块组成，这些功能模块相互协作共同实现该层次所提供的功能。

（3）机器人的故障诊断与安全维护技术。通过各种信息，对机器人故障进行诊断，并进行相应维护，是保证机器人安全性的关键技术。

（4）网络化机器人控制器技术。当前机器人的应用工程由单台机器人工作站向机器人生产线发展，机器人控制器的联网技术变得越来越重要。控制器上具有串口、现场总线及以太网的联网功能，可用于机器人控制器之间、机器人控制器同上位机之间的通信，便于对机器人生产线进行监控、诊断和管理。

2. 机器人控制器的分类

根据计算机结构、控制方式和控制算法的处理方法，机器人控制器又可分为集中式控制和分布式控制。

（1）集中式控制器。利用一台微型计算机实现系统的全部控制功能。其优点是硬件成本较低，便于信息的采集和分析，易于实现系统的最优控制，整体性与协调性较好，基于PC的硬件扩展方便。其缺点是灵活性、可靠性、实时性较差。

（2）分布式控制器。主要思想是"分散控制，集中管理"，分布式系统常采用两级控制方式，由上位机和下位机组成。上位机（机器人主控制器）负责整个系统管理以及运动学计算、轨迹规划等，下位机由多个CPU组成，每个CPU控制一个关节运动。上、下位机通过通信总线相互协调工作。分布式控制器的优点是系统灵活性好、可靠性高、响应时间短，有利于系统功能的并行执行。

工业机器人的控制系统需要由相应的硬件和软件组成。硬件主要由传感装置、控制装置及关节伺服驱动部分组成，软件包括运动轨迹规划算法和关节伺服控制算法以及相应的工作程序。传感装置分为内部传感器和外部传感器，内部传感器主要用于检测工业机器人内部的各关节的位置、速度和加速度等，而外部传感器是可以使工业机器人感知工作环境和工作对象状态的视觉、力觉、触觉、听觉、滑觉、接近觉、温度觉等传感器。控制装置用于处理各种感觉信息，产生控制指令。关节伺服驱动部分主要根据控制装置的指令，按作业任务的要求驱动各关节运动。

1.3 工业机器人的周边设备

常见的工业机器人辅助装置有金属检测机、重量复检机、自动剔除机、倒袋机、整形机、待码输送机、传送带、滑移平台、变位机、清枪装置等(见图2-7)。

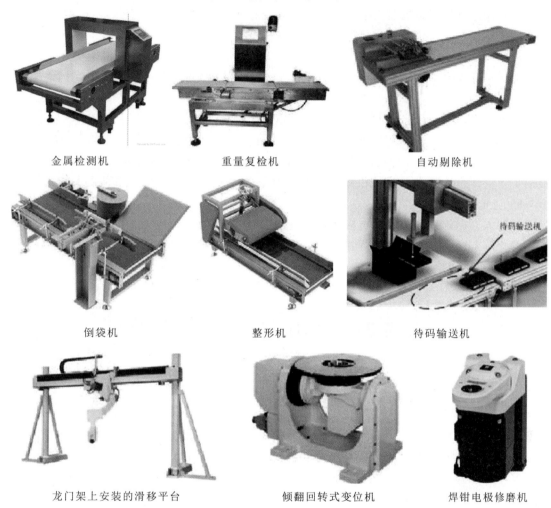

图 2-7 工业机器人的周边设备

1) 金属检测机

防止在生产制造过程中混入金属等异物,需要金属检测机进行流水线检测。

2) 重量复检机

在自动化码垛流水作业中起到重要作用,可以检测出前工序是否漏装、多装,以及对合格品、欠重品、超重品进行统计,进而控制产品质量。

3) 自动剔除机

自动剔除机安装在金属检测机和重量复检机之后,主要用于剔除含金属异物或重量不合格的产品。

4) 倒袋机

倒袋机是将输送过来的袋装码垛物按照预定程序进行输送、倒袋、转位等操作,使其按流程进入后续工序。

5) 整形机

整形机主要针对袋装码垛物,经整形机整形后袋装码垛物内可能存在的积聚物会均匀分散,之后进入后续工序。

6) 待码输送机

待码输送机是码垛机器人生产线的专用输送设备,码垛货物聚集于此,便于码垛机器人末端执行器抓取,可提高码垛机器人灵活性。

7) 滑移平台

增加滑移平台是搬运机器人增加自由度最常用的方法,可安装在地面上或龙门框架上。

8) 变位机

在有些焊接场合,由于工件的空间几何形状过于复杂,焊接机器人的末端工具无法到达指定的焊接位置或姿态,此时可以通过增加 1~3 个外部轴的办法来增加机器人的自由度。其中一种做法是采用变位机让焊接工件移动或转动,使工件上的待焊部位进入机器人的作业空间。根据实际生产的需要,焊接变位机可以有多种形式,有单回转式、双回转式和倾翻回转式。

9) 清枪装置

机器人在施焊过程中焊钳电极头的氧化磨损,焊枪喷嘴内外残留的焊渣以及焊丝干伸长的变化等势必会影响产品的焊接质量及其稳定性。常见清枪装置有焊钳电极修磨机(点焊)和焊枪自动清枪站(弧焊)。

任务 2　工业机器人的工作原理

2.1　工业机器人的工作原理

现在广泛应用的工业机器人都属于第一代工业机器人,它的基本工作原理是示教再现。示教也称导引,即由用户导引机器人,一步步按实际任务操作一遍,机器人在导引过程中自动记忆示教的每个动作的位置、姿态、运动参数/工艺参数等,并自动生成一个连续执行全部操作的程序。完成示教后,只需给机器人一个启动命令,机器人将精确地按示教动作,一步步完成全部操作。这就是示教与再现。

实现上述功能的主要工作原理简述如下。

1. 机器人的系统结构

一台通用的工业机器人,按其功能划分,一般由 3 个相互关联的部分组成:机械手总成、控制器、示教系统,如图 2-8 所示。

机械手总成是机器人的执行机构,它由驱动器、传动机构、机械手机构、末端执行器以及内部传感器等组成。它的任务是精确地保证末端执行器所要求的位置、姿态并实现其运动。

控制器是机器人的神经中枢。它由计算机硬件、软件和一些专用电路构成,其软件包括控制器系统软件,机器人专用语言,机器人运动学、动力学软件,机器人控制软件,机器人自诊断、自保护功能软件等,它处理机器人工作过程中的全部信息和控制其全部动作。

示教系统是机器人与人的交互接口,在示教过程中它将控制机器人的全部动作,并将其全部信息送入控制器的存储器中,它实质上是一个专用的智能终端。

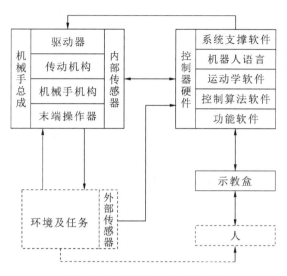

图 2-8 工业机器人的系统结构

2. 机器人手臂运动学

机器人的机械臂由数个刚性杆体经旋转或移动的关节串联而成,是一个开环关节链,关节链的一端固接在基座上,另一端是自由的,安装着末端执行器(如焊枪)。在机器人操作时,机器人手臂前端的末端执行器必须与被加工工件处于相适应的位置和姿态,而这些位置和姿态是由若干个臂关节的运动合成的。因此,机器人运动控制中,必须要知道机械臂各关节变量空间与末端执行器的位置和姿态之间的关系,这就是机器人运动学模型。一台机器人机械臂的几何结构确定后,其运动学模型即可确定,这是机器人运动控制的基础。

机器人手臂运动学中有两个基本问题。

(1) 对给定机械臂,已知各关节角矢量 $g(t) = [g_1(t), g_2(t), \cdots, g_n(t)]'$,其中 n 为自由度,求末端执行器相对于参考坐标系的位置和姿态,称之为运动学正问题。在机器人示教过程中,机器人控制器即逐点进行运动学正问题运算。

(2) 对给定机械臂,已知末端执行器在参考坐标系中的期望位置和姿态,求各关节矢量,称之为运动学逆问题。在机器人再现过程中,机器人控制器即逐点进行运动学逆问题运算,将角矢量分解到机械臂各关节。

运动学正问题的运算都采用 D-H 法,这种方法采用 4×4 齐次变换矩阵来描述两个相邻刚体杆件的空间关系,把正问题简化为寻求等价的 4×4 齐次变换矩阵。逆问题的运算可用几种方法求解,最常用的是矩阵代数、迭代或几何方法,在此不做具体介绍。

对于高速、高精度机器人,还必须建立动力学模型,由于目前通用的工业机器人(包括焊接机器人)最大的运动速度都小于 3 m/s,精度都不高于 0.1 mm,所以都只做简单的动力学控制。

3. 机器人轨迹规划

机器人机械手端部从起点(包括位置和姿态)到终点的运动轨迹空间曲线叫路径。轨迹规划的任务是用一种函数来"内插"或"逼近"给定的路径,并沿时间轴产生一系列"控制设定点",用于控制机械手运动。目前常用的轨迹规划方法有关节变量空间关节插值法和笛卡儿空间规划两种方法。

4. 机器人机械手的控制

当一台机器人机械手的动态运动方程已给定,它的控制目的就是按预定性能要求保持机械手的动态响应。但是由于机器人机械手的惯性力、耦合反应力和重力负载都随运动空间的变化而变化,因此要对它进行高精度、高速、高动态品质的控制是相当复杂而困难的,现在正在为此研究和发展新的控制方法。

目前工业机器人上采用的控制方法是把机械手上每一个关节都当作一个单独的伺服机构,即把一个非线性的、关节间耦合的变化负载系统,简化为线性的非耦合的单独系统。每个关节都有两个伺服环,机械手伺服控制系统结构如图 2-9 所示。外环提供位置误差信号,内环由模拟器和补偿器(具有衰减速度的微分反馈)组成,两个伺服环的增益是固定不变的。因此基本上是一种比例积分微分控制方法(PID 法)。这种控制方法,只适用于目前速度、精度要求不高和负荷不大的机器人控制,对常规工业机器人来说,已能满足要求。

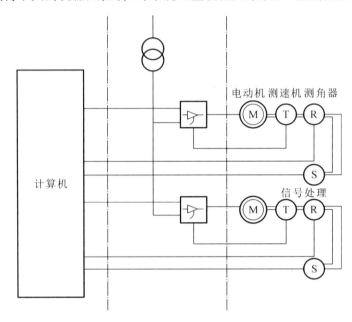

图 2-9 机械手伺服控制系统结构

5. 机器人编程语言

机器人编程语言是机器人和用户的软件接口,编程语言的功能决定了机器人的适应性和给用户的方便性。至今还没有完全公认的机器人编程语言,每个机器人制造厂都有自己的语言。

实际上,机器人编程与传统的计算机编程不同,机器人操作的对象是各类三维物体,运动在一个复杂的空间环境,还要监视和处理传感器信息。因此其编程语言主要有两类:面向机器人的编程语言和面向任务的编程语言。

面向机器人的编程语言的主要特点是描述机器人的动作序列,每一条语句大约相当于机器人的一个动作,整个程序控制机器人的完整动作。面向机器人的编程语言有以下几种。

(1) 专用的机器人语言,如 PUMA 机器人的 VAL 语言,是专用的机器人控制语言,它的最新版本是 VAL-I 和 V+等。

(2) 在现有计算机语言的基础上加机器人子程序库。如美国机器人公司开发的 AR-Basic 和 Intelledex 公司的 Robot-Basic 语言,都是建立在 BASIC 语言上的。

(3) 开发一种新的通用语言加上机器人子程序库。如 IBM 公司开发的 AML 机器人语言。

面向任务的机器人编程语言允许用户发出直接命令,以控制机器人去完成一个具体的任务,而不需要说明机器人需要采取的每一个动作的细节。如美国的 RCCL 机器人编程语言,就是用 C 语言和一组 C 函数来控制机器人运动的任务级机器人语言。

焊接机器人的编程语言目前都属于面向机器人的语言,面向任务的机器人语言尚属开发阶段,大都是针对装配作业的需要。

2.2 工业机器人的主要技术参数

机器人的技术参数反映了机器人可胜任的工作和具有的最高操作性能等情况,是设计、应用机器人必须考虑的问题。机器人的主要技术参数有自由度、分辨率、工作空间、工作速度、工作载荷等。

1. 自由度

机器人的自由度是指确定机器人手部在空间的位置和姿态时所需要的独立运动参数的数目。手指的开、合,以及手指关节的自由度一般不包括在内。

机器人的自由度一般等于关节数目。通常机器人的自由度不超过 6 个。

机器人轴的数量决定了其自由度。如果只是进行一些简单的应用,例如在传送带之间拾取放置零件,那么 4 轴的机器人就足够了。如果机器人需要在一个狭小的空间内工作,而且机械臂需要扭曲反转,6 轴或者 7 轴的机器人是最好的选择。轴的数量选择通常取决于具体的应用。需要注意的是,轴数多一点并不只为灵活性。事实上,如果想把机器人还用于其他的应用,可能需要更多的轴,"轴"到用时方恨少。不过轴多了也有缺点,如果一个 6 轴的机器人只需要用到其中的 4 轴,那么还得为剩下的那 2 个轴编程。

机器人制造商倾向于用稍微有区别的名字为轴或者关节命名。一般来说,最靠近机器人基座的关节为 J1,接下来是 J2、J3、J4,以此类推,直到腕部。还有一些厂商像安川莫托曼则使用字母为轴命名。

2. 关节

关节(joint)即运动副,允许机器人手臂各零件之间发生相对运动的机构。常用运动副及其简图如表 2-1 所示。

表 2-1 常用运动副及其简图

名 称	图 形	简图符号	副级	自由度
球面高副			I	5
柱面高副			II	4
球面低副			III	3

名　称	图　形	简图符号	副级	自由度
球销副			Ⅳ	2
圆柱套筒副			Ⅳ	2
转动副			Ⅴ	1
移动副			Ⅴ	1
螺旋副			Ⅴ	1

3. 工作空间

工作空间是机器人手臂或手部安装点所能达到的所有空间区域,如图 2-10 所示。其形状取决于机器人的自由度和各运动关节的类型与配置。机器人的工作空间通常用图解法和解析法两种方法进行表示。

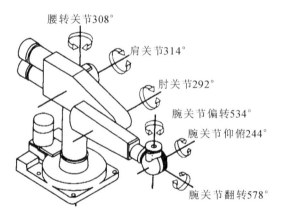

图 2-10　机器人工作空间

项目 2　工业机器人的组成及特征

4. 工作速度

工作速度是机器人在工作载荷条件下进行匀速运动的过程中,机械接口中心或工具中心点在单位时间内所移动的距离或转动的角度。

5. 工作载荷

工作载荷指机器人在工作范围内任何位置上所能承受的最大负载,一般用质量、力矩、惯性矩表示。

工作载荷还和运行速度和加速度的大小、方向有关,一般规定以高速运行时所能抓取的工件质量作为承载能力指标。

6. 分辨率

分辨率是能够实现的最小移动距离或最小转动角度。

7. 定位精度

定位精度又称绝对定位精度,是指机器人末端执行器实际到达位置与目标位置之间的差异,如图 2-11 所示。

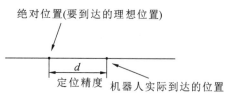

图 2-11　机器人定位精度

8. 重复性或重复定位精度

重复定位精度指机器人重复到达某一目标位置的差异程度,或在相同的位置指令下,机器人连续重复若干次其位置的分散情况,如图 2-12 所示。它用以衡量一列误差值的密集程度,即重复度。一般而言,工业机器人的绝对定位精度要比重复定位精度低一到两个数量级,其原因是未考虑机器人本体的制造误差、工件加工误差及工件定位误差情况下使用机器人的运动学模型来确定机器人末端执行器的位置。

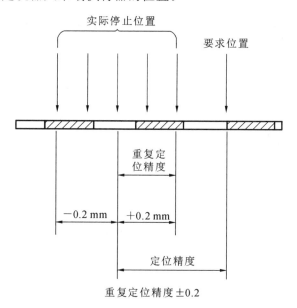

图 2-12　重复定位精度

9. 机器人重量

机器人重量对设计机器人单元也是一个重要的参数。如果工业机器人需要安装在定制的工作台甚至轨道上,就需要知道它的重量并设计相应的支承。

10. 制动和惯性力矩

机器人制造商一般都会给出制动系统的相关信息。一些机器人会给出所有轴的制动信息。为了在工作空间内确定精准和可重复的位置,就需要足够数量的制动。机器人特定部位的惯性力矩可以向制造商索取。这对机器人的安全至关重要。同时还应该关注各轴的允许力矩,例如应用需要一定的力矩去完成时,就需要检查该轴的允许力矩能否满足要求。如果不能,机器人很可能会因为超负载而发生故障。

11. 防护等级

机器人在与食品相关的产品、实验室仪器、医疗仪器一起工作或者处在易燃的环境中,其所需的防护等级各有不同。这是一个国际标准,需要区分实际应用所需的防护等级,或者按照当地的规范选择。一些制造商会根据机器人工作的环境不同而为同型号的机器人提供不同的防护等级。

思考与实训

(1) 简述工业机器人的通用结构由哪些部分组成。
(2) 简述电动驱动的三种方式及特点。
(3) 简述什么是谐波齿轮传动。
(4) 简述工业机器人的主要技术参数。

项目 3　工业机器人的本体结构

学习目标

(1) 熟悉工业机器人本体的基本结构形式和材料；
(2) 掌握工业机器人臂部的基本结构形式和特点；
(3) 掌握工业机器人的腕部结构及手部结构。

知识要点

(1) 工业机器人本体的基本结构形式及相对应结构的优缺点；
(2) 机器人本体材料的相关特性；
(3) 工业机器人臂部结构的基本形式和特点；
(4) 工业机器人臂部质量平衡方法；
(5) 工业机器人手部和腕部结构的基本形式和特点。

训练项目

(1) 熟练掌握工业机器人本体结构及特点；
(2) 熟练掌握机身及臂部结构；
(3) 熟练掌握腕部及手部结构。

任务 1　工业机器人本体的结构及特点

1.1　机器人本体的基本结构形式

工业机器人本体结构设计的主要问题是选择由连杆件和运动副组成的坐标形式。最广泛使用的工业机器人坐标形式有：直角坐标式、圆柱坐标式、球面坐标式（极坐标式）、关节坐标式（包括平面关节式）。

1. 直角坐标式机器人

直角坐标式机器人主要用于生产设备的上下料，也可用于高精度的装配和检测作业，占工业机器人总数的 14% 左右。一般直角坐标式机器人的手臂能垂直上下移动（Z 方向运动），并可沿滑架和横梁上的导轨进行水平面内二维移动（X、Y 方向运动）。直角坐标式机器人本体结构具有三个自由度，而手腕自由度的多少可视用途而定。

直角坐标式机器人具有如下优点：
(1) 结构简单。
(2) 容易编程。

(3) 采用直线滚动导轨后,速度高,定位精度高。

(4) 在 X、Y 和 Z 三个坐标轴方向上的运动没有耦合作用,对控制系统设计而言相对容易。

但是,由于直角坐标式机器人必须采用导轨,因此带来许多问题,其主要缺点如下:

(1) 导轨面的防护比较困难,不能像转动关节的轴承那样密封得很好。

(2) 导轨的支承结构增加了机器人的重量,并减少了有效工作范围。

(3) 为了减少摩擦需要用很长的直线滚动导轨,价格较高。

(4) 结构尺寸与有效工作范围相比显得过于庞大。

(5) 移动部件的惯量较大,增加了驱动装置的尺寸和能量消耗。

近来一种起重机台架式直角坐标机器人的应用越来越多,在直角坐标式机器人中的比重正在增加(见图 3-1)。在装配飞机构件这样的大车间中,这种起重机台架式直角坐标机器人的 X、Y 坐标轴方向的移动距离分别可达 100 m 和 40 m,沿 Z 坐标轴方向可达 5 m,是目前最大的机器人。因为这种机器人仅仅是台架的立柱占据了安装位置,所以它能很好地利用车间的空间。

2. 圆柱坐标式机器人

圆柱坐标式机器人本体结构具有三个自由度:腰转、升降、手臂伸缩。手腕通常采用两个自由度,绕手臂纵向轴线转动和与其垂直的水平轴线转动。手腕若采用三个自由度,如图 3-2 所示,则机器人自由度总数达到六个,但是手腕上的某个自由度将与本体上的回转自由度有部分重复。此类工业机器人占工业机器人总数的 47% 左右。

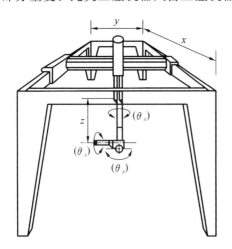 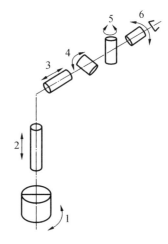

图 3-1　起重机台架式直角坐标机器人　　图 3-2　六自由度圆柱坐标式机器人

圆柱坐标式机器人的优点如下:

(1) 除了简单的"抓-放"作业外还可以用在许多其他生产领域,与直角坐标式机器人相比增加了通用性。

(2) 结构紧凑。

(3) 在垂直方向和径向有两个往复运动,可采用伸缩套筒式结构。当机器人开始腰转时可把手臂缩进去,在很大程度上减少了转动惯量,改善了动力学载荷。

圆柱坐标式机器人的缺点是由于机身结构的缘故,手臂不能抵达底部,减少了机器人的工作范围。不过,当手腕具有如图 3-2 所示的第四个转动关节时,在一定程度上弥补了这个缺陷。

3. 球面坐标式机器人

球面坐标式机器人也称为极坐标式机器人,它具有较大的工作范围,设计和控制系统比较复杂,大约占工业机器人总数的13％。在这类机器人中最出名的一种产品是美国Unimation公司的Unimation 2000型和4000型机器人,它的结构简图如图3-3所示。机器人本体结构有三个自由度,绕垂直轴线(机身)和水平轴线(回转关节)的转动均采用了液压伺服驱动,转角范围分别为200°左右和50°左右;手臂伸缩采用液压驱动的移动关节,其最大行程决定了球面最大半径,机器人实际工作范围的形状是个不完全的球缺。手腕应具有三个自由度,当机器人本体运动时,装在手腕上的末端执行器才能维持应有的姿态。

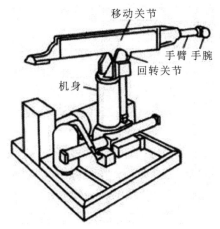

图3-3 球面坐标式机器人

4. 关节坐标式机器人

关节坐标式机器人本体结构的三个自由度腰转关节、肩关节、肘关节全部是转动关节,手腕的三个自由度上的转动关节(俯仰、偏转和翻转)用来最后确定末端执行器的姿态,它是一种广泛使用的拟人化的机器人,大约占工业机器人总数的25％。

关节坐标式机器人的优点如下:

(1) 结构紧凑,工作范围大而安装占地面积小。

(2) 具有很高的可达性。关节坐标式机器人可以使其手部进入像汽车车身这样一个封闭的空间内进行作业,而直角坐标式机器人不能进行此类作业。

(3) 因为没有移动关节,所以不需要导轨。转动关节容易密封,由于轴承件是大量生产的标准件,因此摩擦小,惯量小,可靠性好。

(4) 所需关节驱动力矩小,能量消耗较少。

关节坐标式机器人的缺点如下:

(1) 肘关节和肩关节轴线是平行的,当大、小臂舒展成一直线时虽能抵达很远的工作点,但机器人的结构刚度比较低。

(2) 机器人手部在工作范围边界上工作时有运动学上的退化行为。

1.2 机器人本体材料的选择

结构件材料的选择是工业机器人机械系统设计中的重要问题之一。正确选用结构件材料不仅可降低工业机器人的成本,更重要的是可适应工业机器人的高速化、高载荷化及高精度化,满足其静力及动力特性要求。随着材料工业的发展,新材料的出现给工业机器人的发展提供了宽广的道路。

1. 材料选择的基本要求

与一般机械设备相比,机器人结构的动力特性是十分重要的,这是材料选择的出发点。材料选择的基本要求如下。

1) 强度高

机器人手臂是直接受力的构件,高强度材料不仅能满足机器人手臂的强度条件,而且可望减少臂杆的截面尺寸,减轻重量。

2) 弹性模量大

从材料力学公式可知,构件刚度(或变形量)与材料的弹性模量 E 有关,弹性模量越大,变形量越小,刚度越大。不同材料的弹性模量的差异比较大,而同一种材料的改性对弹性模量的影响不大。比如,普通结构钢的强度极限为 420 MPa,高合金结构钢的强度极限为 2 000~2 300 MPa,但是二者的弹性模量 E 没有多大变化,均为 2.1×10^5 MPa。因此,还应寻找其他提高构件刚度的途径。

3) 质量轻

在机器人手臂构件中产生的变形很大程度上是由惯性力引起的,与构件的质量有关。也就是说,为了提高构件刚度选用弹性模量 E 大而密度 ρ 也大的材料是不合理的。因此,提出了选用高弹性模量、低密度的材料要求,可用 E/ρ 指标来衡量。表 3-1 列出了几种材料的 E、ρ 和 E/ρ 值,供参考。

表 3-1 材料的弹性模量与密度

材　　料	E/MPa	ρ/(kg/m³)	(E/ρ)/(m²/s²)
钢、合金钢	2.10×10^5	7.8×10^3	2.7×10^7
铝、铝合金	0.72×10^5	2.8×10^3	2.6×10^7
铍铝合金(62%Be)	1.9×10^5	2.1×10^3	9.1×10^7
锂铝合金(3.2%Li)	0.82×10^5	2.715×10^3	3.02×10^7
硼纤维增强铝材	2.9×10^5	2.53×10^3	11.4×10^7

4) 阻尼大

工业机器人在选材时不仅要求刚度大、质量轻,而且希望材料的阻尼尽可能大。机器人手臂经过运动后,要求能平稳地停下来。可是由于在构件终止运动的瞬间,构件会产生惯性力和惯性力矩,构件自身又具有弹性,因而会产生"残余振动"。从提高定位精度和传动平稳性来考虑,希望能采用大阻尼材料或采取增加构件阻尼的措施来吸收能量。

5) 材料价格低

材料价格是工业机器人成本价格的重要组成部分。有些新材料如硼纤维增强铝合金、石墨纤维增强镁合金,用来作机器人手臂的材料是很理想的,但价格昂贵。

2. 结构件材料介绍

1) 碳素结构钢、合金结构钢

此类材料强度好,特别是合金结构钢强度增大了 4~5 倍,弹性模量 E 大,抗变形能力强,是应用最广泛的材料。

2) 铝、铝合金及其他轻合金材料

这类材料的共同特点是质量轻,弹性模量 E 并不大,但是材料密度小,故 E/ρ 值仍可与钢材相当。有些稀贵铝合金的品质得到了更明显的改善,例如添加了 3.2%的锂的铝合金,弹性模量增加了 14%,E/ρ 值增加了 16%。

3) 纤维增强合金

如硼纤维增强铝合金、石墨纤维增强镁合金,其 E/ρ 值分别达到 11.4×10^7 m²/s² 和

$8.9×10^7 \text{ m}^2/\text{s}^2$。这种纤维增强金属材料具有非常高的 E/ρ 值,而且没有无机复合材料的缺点,但价格昂贵。

4)陶瓷

陶瓷材料具有良好的品质,但是脆性大,不易加工成具有长孔的连杆,与金属零件连接的接合部需特殊设计。然而,日本已经试制了在小型高精度机器人上使用的陶瓷机器人手臂的样品。

5)纤维增强复合材料

这类材料具有极好的 E/ρ 值,但存在老化、蠕变、高温热膨胀、与金属件连接困难等问题。这种材料不但质量轻、刚度大,而且具有十分突出的阻尼大的优点,传统金属材料不可能具有这么大的阻尼。所以,在高速机器人上应用复合材料的实例越来越多。叠层复合材料的制造工艺还允许用户进行优化,改进叠层厚度、纤维倾斜角、最佳横断面尺寸等,使其具有最大阻尼值。

6)黏弹性大阻尼材料

增大机器人连杆件的阻尼是改善机器人动态特性的有效方法。目前有许多方法来增加结构件材料的阻尼,其中最适合机器人结构采用的一种方法是用黏弹性大阻尼材料对原构件进行约束层阻尼处理(constrained layer damping treatment),如图3-4所示。吉林工业大学和西安交通大学进行了黏弹性大阻尼材料在柔性机械臂振动控制中应用的实验,结果表明:机械臂的重复定位精度在阻尼处理前为±0.30 mm,处理后为±0.16 mm;残余振动时间在阻尼处理前、后分别为0.9 s和0.5 s。

图 3-4 杆件的约束层阻尼处理
(a)初始情况 (b)振动吸收能量

任务 2 机身及臂部结构(实训)

2.1 机器人机身结构的基本形式和特点

机身是直接连接、支承和传动手臂及行走机构的部件。它是由臂部运动(升降、平移、回转和俯仰)机构及有关的导向装置、支承件等组成。由于机器人的运动形式、使用条件、负载能力各不相同,所采用的驱动装置、传动机构、导向装置也不同,致使机身结构有很大差异。

一般情况下,实现臂部的升降、回转或俯仰等运动的驱动装置或传动件都安装在机身上。臂部的运动愈多,机身的结构和受力愈复杂。机身既可以是固定式的,也可以是行走式的,即在它的下部装有能行走的机构,可沿地面或架空轨道运行。

常用的机身结构有:升降回转型机身结构、俯仰型机身结构、直移型机身结构、类人机器人机身结构。

2.2 机器人臂部结构的基本形式和特点

工业机器人的臂部一般具有二至三个自由度,即伸缩、回转或俯仰。臂部总质量较大,受力一般较复杂,在运动时,直接承受腕部、手部和工件(或工具)的静、动载荷,尤其高速运动时,将产生较大的惯性力(或惯性力矩),从而引起冲击,影响定位的准确性。

1. 臂部设计的基本要求

臂部的结构形式必须根据机器人的运动形式、抓取重量、动作自由度、运动精度等因素来确定。同时,设计时必须考虑到手臂的受力情况、油(气)缸及导向装置的布置、内部管路与手腕的连接形式等因素。因此设计臂部时一般要注意下述要求。

1) 刚度要求高

为防止臂部在运动过程中产生过大的变形,手臂的截面形状要合理选择。工字形截面的弯曲刚度一般比圆截面大,空心管的弯曲刚度和扭转刚度都比实心轴大得多,所以常用钢管作臂杆及导向杆,用工字钢和槽钢作支承板。

2) 导向性要好

为防止手臂在直线运动中沿运动轴线发生相对转动,可设置导向装置,或设计方形、花键等形式的臂杆。

3) 质量要轻

为提高机器人的运动速度,要尽量减小臂部运动部分的质量,以减小整个手臂对回转轴的转动惯量。

4) 运动要平稳、定位精度要高

由于臂部运动速度越高,惯性力引起的定位前的冲击也就越大,运动既不平稳,定位精度也不高。因此,除了臂部设计上要力求结构紧凑、质量轻外,同时要采用一定形式的缓冲措施。

2. 手臂的常用结构

1) 手臂直线运动机构

机器人手臂的伸缩、横向移动均属于直线运动。实现手臂往复直线运动的机构形式比较多,常用的有活塞油(气)缸、齿轮齿条机构、丝杠螺母机构以及连杆机构等。由于活塞油(气)缸的体积小、质量轻,因而在机器人的手臂结构中应用比较多。

2) 手臂回转运动机构

实现机器人手臂回转运动的机构形式多种多样,常用的有叶片式回转缸、齿轮传动机构、链轮传动机构、活塞缸和连杆机构等。

图 3-5 所示为采用活塞缸和连杆机构的一种双臂机器人的手臂结构图。手臂的上下摆动由铰接活塞油缸和连杆机构来实现。当活塞油缸 1 的两腔通压力油时,通过连杆 2(即活塞杆)带动曲柄 3(即手臂)绕轴心 O 做 $90°$ 的上下摆动(如双点画线所示位置)。手臂下摆到水平位置时,其水平和侧向的定位由支承架 4 上的定位螺钉 6 和 5 来调节。此手臂结构具有传动结构简单、紧凑和轻巧等特点。

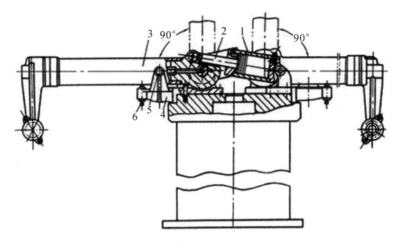

图 3-5 双臂机器人的手臂结构
1—铰接活塞油缸；2—连杆；3—曲柄；4—支承架；5、6—定位螺钉

2.3 机器人的平稳性和臂杆平衡方法

1. 工业机器人平衡系统的作用

工业机器人是一个多刚体耦合系统，系统的平衡性是极其重要的，在工业机器人设计中采用平衡系统的理由如下。

（1）安全。根据机器人动力学方程可知，关节驱动力矩包括重力矩项，即各连杆质量对关节产生重力矩。因为重力是永恒的，即使机器人停止了运动，重力矩项仍然存在。这样，当机器人完成作业切断电源后，机器人机构会因重力而不再稳定。平衡系统是为了防止机器人因动力源中断而失稳，引起向地面"倒塌"的趋势。

（2）借助平衡系统能降低因机器人构形变化而导致重力引起关节驱动力矩变化的峰值。

（3）借助平衡系统能降低因机器人运动而导致惯性力矩引起关节驱动力矩变化的峰值。

（4）借助平衡系统能减少动力学方程中内部耦合项和非线性项，改进机器人动力特性。

（5）借助平衡系统能减少机械臂结构柔性所引起的不良影响。

（6）借助平衡系统能使机器人运行稳定，降低地面安装要求。

2. 平衡系统设计的主要途径

尽管为了防止机器人因动力源中断而产生向地面"倒塌"的趋势，可采用不可逆转机构或制动闸，但是，在工业机器人日趋高速化之时，工业机器人平衡系统的良好设计是非常重要的，其设计途径有三条：

（1）质量平衡技术；

（2）弹簧力平衡技术；

（3）可控力平衡技术。

如图 3-6 所示的是一种质量平衡技术中最经常使用的平行四边形平衡机构。图中，L_2、L_3 和 G_2、G_3 分别代表下臂和上臂的长度与质心，m_2、m_3 和 θ_2、θ_3 分别代表它们的质量与转角。m 为可移动的平衡质量，它用来平衡下臂和上臂的质量。杆 SA、AB 与上臂、下臂铰接构成一个平行四边形平衡系统。经过简单推导可知，只要满足下面两个方程式，平行四边形

机构就可取得平衡,即

$$SC = \frac{m_3 O_3 G_3}{m} \tag{3-1}$$

$$O_2 C = \frac{m_2 O_2 G_2 + m_3 O_3 G_3}{m} \tag{3-2}$$

式中:$O_3 G_3$——关节 O_3 与质心 G_3 的距离;

$O_2 G_2$——关节 O_2 与质心 G_2 的距离;

SC——平衡质量 m 与关节 C 的距离;

$O_2 C$——关节 O_2 与 C 的距离。

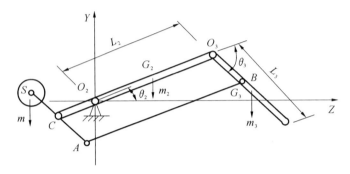

图 3-6 工业机器人用的平行四边形平衡机构

上述公式表明,平衡与否只与可移动平衡质量的大小和位置有关,这说明该平衡系统在机械臂的任何形式下都是平衡的。

任务 3 腕部及手部结构(实训)

3.1 机器人腕部结构的基本形式和特点

1. 概述

工业机器人的腕部是连接手部与臂部的部件,起支承手部的作用。机器人一般具有六个自由度才能使手部(末端执行器)达到目标位置和处于期望的姿态,手腕上的自由度主要是实现所期望的姿态。

为了使手部能处于空间任意方向,要求腕部能实现对空间三坐标轴 X、Y、Z 的转动,即具有翻转、俯仰和偏转的三个自由度。

通常也把手腕的翻转叫做 Roll,用 R 表示;把手腕的俯仰叫做 Pitch,用 P 表示;把手腕的偏转叫做 Yaw,用 Y 表示。如图 3-7 所示,手腕可以实现 PRY 运动。

2. 机器人腕部结构的特点

手腕部件设置于手部和臂部之间,它的作用主要是在臂部运动的基础上进一步改变或调整手部在空间上的方位,以扩大机械手的动作范围,并使机械手变得更灵巧,适应性更强。一般机械手手腕设有回转运动或再增加一个上下摆动即可满足工作要求。目前,应用最为广泛的手腕回转机构为回转液压(气)缸,它的结构紧凑灵巧,但回转角度小(一般小于

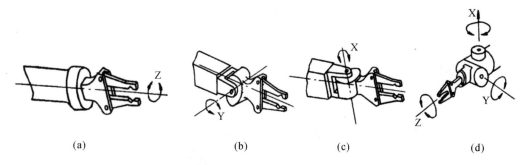

图 3-7 机器人手腕的运动

270°),并且要求严格密封,否则就难以保证稳定的输出扭矩。因此在要求较大回转角的情况下,采用齿条传动或链轮以及轮系结构。

3.2 机器人手部结构的基本形式和特点

工业机器人的手部也叫末端执行器,它直接装在工业机器人的手腕上用于夹持工件或让工具按照规定的程序完成指定的工作。人体的手与末端执行器的作用十分相似,所以人们更多地使用手部这个术语来代替末端执行器。人的手有五根手指,它由许多关节组成,能巧妙地完成许多复杂的作业。人们用手完成的作业是各种各样的,从制作物品、使用工具到对其他人做手势等。在这些功能中,机器人技术更关心的是手的作业功能,而不在于它的信息传递功能。

1. 机器人手部的特点

机器人的手部具有以下特点:

1) 手部与手腕连接处可拆卸

手部与手腕处有可拆卸的机械接口。根据夹持对象的不同,手部结构会有差异,通常一个机器人配有多个手部装置或工具,因此要求手部与手腕处的接头具有通用性和互换性。

手部可能还有一些电、气、液的接口,这是由手部的驱动方式不同造成的。对这些部件的接口一定要求具有互换性。

2) 手部是末端执行器

手部可以具有手指,也可以不具有手指;可以有手爪,也可以是专用工具。

3) 手部是一个独立的部件

工业机器人通常分为三个大的部件:机身、手臂(含手腕)、手部。手部对整个工业机器人完成任务的好坏起着关键作用,它直接关系着夹持工件的定位精度、夹持力的大小等。

4) 手部的通用性比较差

工业机器人的手部通常是专用装置。一种手爪往往只能抓住一种或几种在形状、尺寸、重量等方面相近的工件;一种工具往往只能执行一种作业任务。

2. 机器人手部的分类

1) 按用途分

(1) 手爪:具有一定通用性。主要功能是:抓住工件、握持工件、释放工件。抓住工件是指在给定的目标位置和期望姿态上抓住工件,工件必须有可靠的定位,保持工件和手爪之间的准确的相对位置关系,以保持机器人后续作业的准确性;握持工件是指确保工件在搬运过程中定义的位置和姿态的准确性;释放是指在指定位置结束手部和工件的约束关系。

(2) 工具:进行作业的专用工具。

2) 按夹持方式分

(1) 外夹式(见图 3-8(a)):手部与被夹件的外表面相接触。

(2) 内撑式(见图 3-8(b)):手部与工件的内表面相接触。

(3) 内外夹持式(见图 3-8(c)):手部与工件的内、外表面相接触。

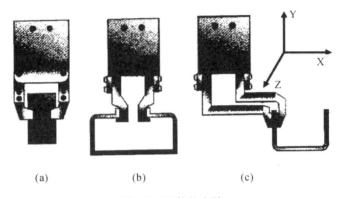

图 3-8 工件的夹持
(a) 外夹式 (b) 内撑式 (c) 内外夹持式

3) 按手爪的运动形式分

(1) 回转型(见图 3-9)。当手爪夹紧或松开物体时,手指做回转运动。当被抓物体的直径大小变化时,需要调整手爪的位置才能保持物体的中心位置不变。

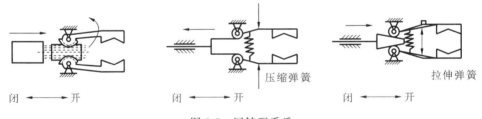

图 3-9 回转型手爪

(2) 平动型(见图 3-10)。手指由平行四杆机构传动,当手爪夹紧或松开物体时,手指姿态不变,做平动。

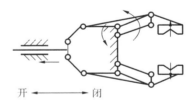

图 3-10 平动型手爪

(3) 平移型。当手爪夹紧或松开物体时,手指做平移运动,并保持夹持中心固定不变,不受工件直径变化的影响。

思考与实训

(1) 列表说明直角坐标式机器人、圆柱坐标式机器人、极坐标式机器人、关节坐标式(包括平面关节)机器人的结构特点、应用特点及占工业机器人总数的比例。

（2）对工业机器人结构件材料的选用有哪些基本要求？
（3）为什么要选用弹性模量与密度之比大的材料？
（4）材料阻尼大有什么好处？
（5）工业机器人手部的特点是什么？
（6）解释"抓住""握持""释放"。

项目 4　工业机器人控制系统

学习目标

了解工业机器人的控制系统。

知识要点

(1) 工业机器人的控制方式及特点；
(2) 工业机器人控制系统的主要功能；
(3) 工业机器人的坐标。

训练项目

(1) 熟练调节机器人的位置和姿态；
(2) ABB 工业机器人 TCP 的建立。

任务 1　工业机器人的控制方式及特点

正如大脑是人类的灵魂和指挥中心，工业机器人控制系统可称之为机器人的大脑。机器人的感知、判断、推理都是通过控制系统的输入、运算、输出来完成的，所有行为和动作都必须通过控制系统发出相应的指令来实现。工业机器人要与外围设备协调动作，共同完成作业任务，就必须具备一个功能完善、灵敏可靠的控制系统。机器人的控制系统也是结构设计中的关键系统，控制系统一般由控制计算机和伺服控制器组成。前者发出指令协调各关节驱动器之间的运动，同时还要完成编程、示教、再现，以及和其他环境状况（传感器信息）、工艺要求、外部相关设备之间的信息传递和协调工作。后者控制各关节驱动器，使各关节按一定的速度、加速度和位置要求进行运动。工业机器人的控制系统可分为两大部分：一部分是对其自身运动的控制，另一部分是工业机器人与周边设备的协调控制。

1.1　工业机器人的控制方式分类

工业机器人所执行的不同任务决定了工业机器人的控制结构。面对各种各样的工业机器人就产生了各种各样的控制方法和策略，无法使用一种统一的控制方法来对各式各样的工业机器人进行统一的控制。工业机器人的控制方式有很多种分类，按照运动坐标的控制方式来分类，分为关节空间运动控制、直角坐标空间运动控制；按照控制系统对工作环境变化的适应程度来分类，分为程序控制系统、适应性控制系统、人工智能控制系统；按照同时控制机器人的数量来进行分类，分为单控制系统、群控制系统。通常按照运动控制方式的不同来进行分类，分为位置控制、速度控制、力控制（包括位置/力混合控制）等。

1. 位置控制方式

工业机器人位置控制的目的就是要使得工业机器人各关节实现预先所规划的运动,最终保证工业机器人的位置。位置控制方式又分为点位控制和连续轨迹控制两类,如图 4-1 所示。

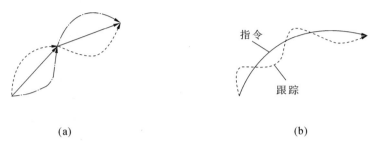

图 4-1 位置控制方式
(a) 点位控制 (b) 连续轨迹控制

1) 点位控制方式(PTP)

点位控制方式是只控制工业机器人末端执行器(手爪或工具)在作业空间中某些规定的离散点上的位姿。控制时只要求工业机器人快速、准确地实现相邻各点之间的运动,而对相邻点之间的运动轨迹则不做任何规定。点位控制的主要技术指标是定位精度和完成运动所需的时间。这种控制方式简单,易于实现,但精度不高,要达到 $2\sim3~\mu m$ 的定位精度也是相当困难的。例如,点焊、装配、上下料、搬运等作业中一般采用点位控制方式。

2) 连续轨迹控制方式(CP)

连续轨迹控制方式是连续地控制工业机器人末端执行器(手爪或工具)在作业空间中的位姿轨迹,要求其严格按照预定的轨迹和速度在一定的精度要求内运动,且速度可控,轨迹光滑,运动平稳,以完成任务。该控制方式类似于控制系统中的跟踪系统,称之为轨迹伺服控制。其主要技术指标是末端执行器位姿的轨迹跟踪精度及平稳性。例如,在弧焊、喷漆、切割等场所的工业机器人控制均属于这一类,要求机器人末端执行器按照示教的轨迹和速度运动,如果偏离预定的轨迹和速度,就会使产品报废。

2. 其他控制方式

1) 速度控制方式

对工业机器人的运动控制来说,在位置控制的同时,往往也需要对速度进行控制。比如,在连续轨迹控制方式下,工业机器人需要按照预定的指令,控制手爪或工具的速度大小并进行合理的加减速控制,从而使得整个运动过程更加平稳且定位精确。那么,为了更好地实现这样的控制要求,工业机器人的运动必须满足速度变化曲线的要求,如图 4-2 所示。

由于工业机器人惯性负载较大,而且工作情况及负载的变化也较大,因此需要合理地处理速度和平稳性之间的矛盾关系,必须将起始点的加速过程和接近目标点的减速过程进行快速合理控制,使得运动速度快、平稳性好,且满足定位要求。

2) 力(力矩)控制方式

在完成装配、抓放物体等工作时,工业机器人末端执行器与环境或作业对象的表面进行接触,除要准确定位之外,还要求使用适度的力或力矩进行工作,这时就要利用力(力矩)控制方式。力(力矩)控制方式是对位置控制的补充,力(力矩)控制方式的原理与位置伺服控制原理基本相同,只不过输入量和反馈量不是位置信号,而是力(力矩)信号,因此系统中必

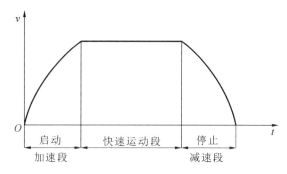

图 4-2 工业机器人速度变化曲线

须有力(力矩)传感器。有时也利用接近、滑动(滑觉)等传感功能进行自适应式控制。

3) 智能控制方式

机器人的智能控制是通过传感器获得周围环境的知识,并根据自身内部的知识库做出相应的决策。采用智能控制技术,使机器人具有了较强的环境适应性及自学习能力。智能控制技术的发展有赖于近年来人工神经网络、基因算法、遗传算法、专家系统等人工智能的迅速发展。

1.2 工业机器人控制系统的特点

机器人的控制技术与传统的自动机械控制相比,没有根本上的不同。但是工业机器人的结构是一个空间的开链机构,其各个关节的运动都是独立的,为了实现末端点的运动轨迹,需要各个关节的运动协调。因此机器人控制系统一般是以机器人的单轴或多轴运动协调为目的的控制系统。其控制结构与普通的控制系统相比要复杂得多。那么,与一般的伺服系统或过程控制系统相比,机器人控制系统有如下特点。

(1) 工业机器人的控制与机构运动学及动力学密切相关。工业机器人的状态可以在各种坐标下进行描述,可以根据需要选择不同的参考坐标系并进行适当的坐标变换。工业机器人根据给定的任务,经常要求解运动学正问题和逆问题。除此之外,还因为工业机器人关节之间的惯性力、向心力、哥氏力的耦合作用以及重力负载的影响,工业机器人的控制问题变得更加复杂。

(2) 即使一个简单的机器人也有3~5个自由度。更加复杂的工业机器人有十几个自由度,甚至几十个自由度。每个自由度一般包含一个伺服机构,那么这么多个独立的伺服系统必须有机地协调起来,组成一个多变量的控制系统。

(3) 把多个独立的伺服系统有机地协调起来,使其能够按照人的意志进行运动,甚至使得工业机器人具有一定的"智能",那么这个任务只能由计算机来完成。因此机器人控制系统也是一个计算机控制系统,计算机软件担负着艰巨的任务。

(4) 描述工业机器人状态和运动的数学模型是一个非线性模型,随着状态的不同和外力的变化,其参数也在变化,各变量之间还存在耦合。因此,仅仅利用位置闭环是不够的,还要利用速度甚至加速度闭环。系统中还经常采用一些控制策略,比如重力补偿、前馈、解耦、基于传感信息的控制和最优 PID 控制等。

(5) 机器人的动作往往可以通过不同的方法和路径来完成,因此就会存在一个最优的问题。比较高级的工业机器人可以使用人工智能的方法,利用计算机建立起巨大的信息数据库,借助信息数据库进行控制、判断、决策、管理和操作,利用传感器和模式识别的方法获得对象及环境的工况,按照指定的控制要求自动进行最佳的控制规划。

总之,机器人控制系统是一个与运动学和动力学原理密切相关的、有耦合的、非线性的多变量控制系统。由于它的特殊性,经典的控制理论和现代控制理论都不能照搬使用。要随着实际工作情况的不同,采用各种不同的控制方式,从简单的编程自动化、微处理机控制到小型计算机控制等。随着工业机器人技术的不断发展,机器人的控制技术也将逐渐完善和成熟。

任务 2　工业机器人控制系统的主要功能

工业机器人的控制系统的主要任务是控制工业机器人在工作空间中的运动位置、姿态和轨迹、操作顺序及动作的时间等项目,具有编程简单、软件菜单操作方便、人机交互界面友好、在线操作方便等特点。主要功能有示教再现功能和运动控制功能。

2.1　工业机器人的示教再现控制

示教再现控制是指控制系统可以通过示教器或手把手进行示教,将动作顺序、运动速度、位置等信息用一定的方法预先教给工业机器人,由工业机器人的存储器将所教授的整个过程自动进行存储,当需要进行再现操作时,将存储器中的内容进行读取并按照顺序进行重现。如果需要对操作内容进行更改,只需要重新进行示教或更换预先存储好的新的程序存储器即可,程序的重新编制十分简单、方便。

示教再现控制的主要内容包括示教方式、记忆方式和示教编程方式。

1. 示教方式

示教方式的种类很多,一般来说分为集中示教方式和分离示教方式。集中示教方式是指同时对位置、速度、操作顺序等进行示教的方式,分离示教是指在示教位置之后,再一边动作,一边分别示教速度、操作顺序等的示教方式。采用半导体记忆装置的工业机器人,可使得记忆容量大大增加,特别适用于复杂程度高的操作过程的记忆。

当对点位控制(PTP)的工业机器人示教时,可以分步编制程序,且能进行编辑、修改等工作,但是在做曲线运动而且位置精度要求又比较高时,示教的点数一多,示教时间就会拉长,且在每一个示教点都要停止和启动,因而很难进行速度的控制。

对需要控制连续轨迹的喷漆、电弧焊等工业机器人进行连续轨迹控制(CP)的示教时,示教操作一旦开始,就不能中途停止,必须不中断地进行到终点,且在示教中途很难进行局部修正。

示教方式中经常会遇到一些数据的编辑问题,其编辑方式有如图4-3所示的几种。

由图4-3可知,要连接A与B两点时,可以这样来做:(a)直接连接;(b)先在A与B之间指定一点X,然后用圆弧连接;(c)用指定半径的圆弧连接;(d)用平行移动的方式连接。

在连续轨迹控制的示教中,由于连续轨迹控制的示教是多轴同时动作,所以与点位控制不同,它几乎必须在点与点之间的连线上移动,故可有以下两种方法:如图4-4所示,在图中(a)是在指定的点之间用直线连接进行示教,(b)是按指定的时间对每一个间隔点的位置进行示教。

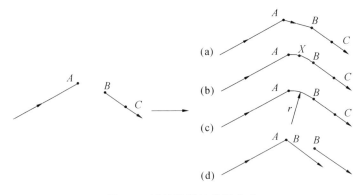

图 4-3 示教数据的编辑方式

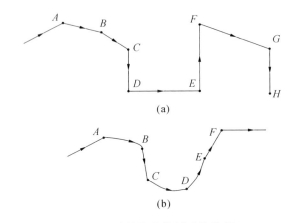

图 4-4 连续轨迹控制示教举例

2. 记忆方式

工业机器人的记忆方式随着示教方式的不同而不同。又由于记忆内容的不同,故其所用的记忆装置也不完全相同。通常,工业机器人操作过程的复杂程度取决于记忆装置的容量,容量越大,其记忆的点数就越多,操作的动作就越多,工作任务就越复杂。

最初工业机器人使用的记忆装置大部分是磁鼓,随着科学技术的发展,慢慢地出现了磁线、磁芯等记忆装置。现在,随着计算机技术的发展,出现了半导体记忆装置,尤其是集成化程度高、容量大、高度可靠的随机存取存储器(RAM)和可编程只读存储器(E-PROM)等半导体记忆装置的出现,使工业机器人的记忆内容大大增加,特别适合于复杂程度高的操作过程的记忆,并且其记忆容量可达无限。

3. 示教编程方式

目前,大多数工业机器人都具有采用示教方式来编程的功能。示教编程一般可分为手把手示教编程和示教盒示教编程两种方式。

1) 手把手示教编程

手把手示教编程方式主要用于喷漆、弧焊等要求实现连续轨迹控制的工业机器人示教编程中。具体的方法是人工利用示教手柄引导末端执行器经过所要求的位置,同时由传感器检测出工业机器人各关节处的坐标值,并由控制系统记录、存储下这些数据信息。实际工作当中,工业机器人的控制系统再重现示教过的轨迹和操作技能。

手把手示教编程也能实现点位控制,与连续轨迹控制不同的是它只记录各轨迹程序移动的两端点位置,轨迹的运动速度则按各轨迹程序段对应的功能数据输入。

2) 示教盒示教编程

示教盒示教编程方式是人工利用示教盒上所具有的各种功能的按钮来驱动工业机器人的各关节轴,按作业所需要的顺序单轴运动或多关节协调运动,从而完成位置和功能的示教编程。

示教盒通常是一个带有微处理器的、可随意移动的小键盘,内部 ROM 中固化有键盘扫描和分析程序。其功能键一般有回零、示教方式、数字、输入、编辑、启动、停止等。

示教编程控制由于其编程方便、装置简单等优点,在工业机器人的初期得到较多的应用。同时,其编程精度不高、程序修改困难、需要有经验的操作人员等缺点的限制,促使人们又开发了许多新的控制方式和装置,以使工业机器人能更好更快地完成作业任务。

3) 示教盒示教的基本技巧与编辑

在对机器人进行示教前,应首先保证被操作工件的定位一致性。只有定位偏差与机器人末端重复定位误差之和在允许范围之内,机器人才能完成给定的作业任务。然后按作业要求,确定示教次序,并根据控制特点和作业空间的限制确定必要的中间示教点。

图 4-5 表示了一个轴和套筒装配的例子,要求一台工业机器人将置于同一水平工作台面的套筒套入圆柱轴 b 中,可将机器人的动作分解为如下六个步骤:

(1) 手爪下降并抓取套筒 a;
(2) 提升套筒 a 至一定的高度位置 c 点;
(3) 将套筒 a 平移至轴 b 的正上方 d 点;
(4) 下降并将套筒 a 套入轴 b 上;
(5) 手爪上升至起始点高度;
(6) 回到起始点。

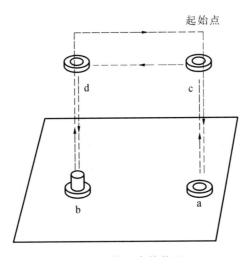

图 4-5 轴和套筒装配

这里的点 c、d 就是所选择的中间示教点,分别位于套筒 a 和轴 b 的正上方,实际上点 c、d 也可理解成物体提升点和下落点。

以上步骤中序列(2)(3)(5)是必要的,可以保证机器人手爪运动轨迹有一定可预测性,避免手爪与工作空间内其他物体碰撞,例如序列(3)保证机器人手爪轨迹位于点 c、d 给出的水平面内。在示教过程中,应充分利用示教盒显示的关节位置信息。只要预先记住起始点位置,在示教动作序列(5)时,就只需示教升降使升降关节位置显示值与起始点相应关节坐标一致,而不必检查手爪是否与起始点高度一致。

在小批量多品种混流生产场合,应尽可能将所有不同的机器人作业路径一次示教完成,以提高示教效率。再现时,控制系统便可根据用户提供的作业代码或智能感觉信息自动选择适当的作业轨迹。

在示教完成后,应进行示教准确性的试验。因为示教时和再现时机器人的受力情况不一致,机器人各关节的间隙可能导致再现失败。主要的解决办法是利用编辑功能对示教数据进行修正,这种修正也可理解为一种微调。编辑示教点时,可以选择相关的关节坐标,并修正其坐标值。编辑与示教的一个主要区别在于示教是在线的,机器人随之动作,而编辑则是离线的,机器人并不动作,实际被修改的是控制系统内存单元中的数据。

除了示教点可以被编辑外,还可编辑示教线路,即可改变示教点的先后次序,复制或删除示教点。利用编辑功能可以避免示教时的重复劳动。图 4-6 所示为多点装配作业示意图,要求将套筒 a 分别装于圆柱轴 b 和圆柱轴 c 上(套筒 a 由供料机构不断供给)。若忽略中间示教点,则与再现一致的示教过程应为 a—b—c—a,这里套筒 a 需示教两次。若利用编辑功能,可先示教 a—b—c;然后将 a 复制到 b 之后,即得到再现线路 a—b—a—c。

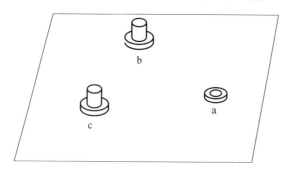

图 4-6 多点装配作业示意图

2.2 工业机器人的运动控制

工业机器人的运动控制是指工业机器人的末端执行器从一点移动到另一点的过程中,对其位置、速度和加速度的控制。由于工业机器人的末端执行器的位置和姿态是通过控制关节运动来实现的,因此对工业机器人的运动控制实际上就是通过控制关节运动实现的。

工业机器人关节运动控制一般分为两步进行。第一步是关节运动伺服指令的生成,即将末端执行器在工作空间的位置和姿态的变化转化为由关节变量表示的时间序列或表示为关节变量随时间变化的函数。这一步一般离线完成。第二步是关节运动的伺服控制,即跟踪执行第一步所生成的关节变量伺服指令,这是在线完成的。

1. 关节运动伺服指令的生成

关节运动伺服指令的生成方法一般有两种:一种是示教方法,另一种是轨迹规划方法。

1) 示教生成方法

在示教控制中,当对工业机器人进行示教编程时,每个关节即可产生自身变量随时间的变化序列或连续的函数关系。这些变化关系由工业机器人的内部传感器检测出来并被控制系统的记忆装置所记忆,这个过程的实质就是生成了关节运动伺服指令。当示教重现时,工业机器人的控制系统即可根据记忆的指令实现对各个关节的运动控制。

2) 轨迹规划生成方法

轨迹规划生成方法是指根据作业任务要求的末端执行器在作业流程中的位姿变化轨迹以及速度、加速度,并通过插补计算和运动学逆解等数学方法生成相应的关节运动伺服指令。

在进行轨迹规划时,首先要对工业机器人的任务进行描述,并对各个关节的运动轨迹和路径进行描述,然后根据所确定的轨迹参数进行实际计算,即可根据位姿、速度和加速度生成运动轨迹。

轨迹规划生成方法随着工业机器人末端执行器位置和姿态的控制方式不同而不同。一般来说,点位控制方式下的轨迹规划可在关节坐标空间进行,而连续轨迹控制方式下的轨迹规划是在直角坐标空间进行的。

如果工业机器人的控制过程中只考虑其端点的位置和姿态而不考虑过程中的位置和姿态,即采用点位控制时,就可用关节空间的规划方法。这是因为工业机器人的末端执行器的运动是由关节变量直接确定的,所以在关节坐标空间进行规划时,既节省了时间,又可避免雅可比矩阵奇异时所形成的速度失控。又因为关节坐标空间与直角坐标空间的几何元素不成线性关系,所以关节变量呈线性变化时,直角坐标空间参考点的运动轨迹并不形成直线,因而此方法只适用于对路径无要求的作业,即工业机器人的点位控制中。

关节空间的规划方法是以关节角度的函数来描述工业机器人的轨迹进行规划的。它不需要在直角坐标系中描述两个端点之间的路径形状,因而具有简单易行的特点。

在关节空间中进行轨迹规划,需要给定工业机器人在起始点和终止点的位姿,然后对关节变量进行插值运算,得到关节的运动轨迹。当各节点(起始点、提升点、下放点和终止点)上的位姿、速度和加速度等有要求时,关节的运动轨迹还必须满足一组约束条件,最后可选取不同类型的关节插值函数,生成关节的运动轨迹。

2. 关节运动的伺服控制

工业机器人关节运动伺服控制的方法有很多,下面简单地介绍几种典型的控制方法。

1) 变结构控制

苏联学者 Emelyanov 等提出了变结构控制概念。随后一些学者总结并发展了滑模变结构控制理论,奠定了滑模变结构控制的理论基础。变结构控制是对不定性动力学系统进行控制的一种重要方法。变结构系统是一种非连续反馈控制系统。其主要特点是它在一种开关曲面上建立滑动模型,称为"滑模"。变结构控制的基本思想是先在误差系统的状态空间中找到一个超平面,使得超平面内的所有状态轨迹都收敛于零,然后,通过不断切换控制器的结构,使得误差系统的状态能够到达该平面,进而沿该平面滑向原点。

变结构控制系统实际上是将具有不同结构的反馈控制系统按照一定逻辑切换变化得到的,并且具备了原来各个反馈控制系统并不具有的渐近稳定性。我们称这类组合系统为变结构系统或变结构控制系统。

变结构控制方法对于系统参数的时变规律、非线性程度以及外界干扰等不需要精确的数学模型,只需要知道它们的变化范围,就能对系统进行精确的轨迹跟踪控制。

变结构控制设计比较简单,便于理解和应用,具有很强的鲁棒性,主要表现在滑模运动方程对于扰动的不变性。只要正确选择了足够大的控制信号,那么在任何扰动下,无论状态轨迹从哪一个初始状态出发,都能可靠地到达滑模。

当变结构控制到达切换面后,通过控制作用在两个结构间切换,使系统保持在滑模面或平衡点附近。但是由于开关器件的时滞和被控对象惯性等因素的影响,系统状态到达滑模面或平衡点后,不是保持在它们上面,而是在滑模面附近做来回的穿越运动或围绕平衡点做周期性运动。这种现象称为变结构抖振。变结构抖振实质上是一种非线性自激振荡,因此,抖振本质上是由变结构的非线性造成的。变结构控制系统存在的抖振缺陷,在一定程度上影响了变结构控制的应用。

2)模糊控制

模糊控制系统的控制对象可以是实际的闭环控制、专家系统或任何类型的人机系统,其中决策部分由近似推理完成。近似推理是根据客观实际情况以及已有的规则获取未知信息的过程。在获得输入变量取值的可能性分布后,由复合推理给出输出变量取值的可能性分布。

为了促使模糊控制理论在实际系统控制中得到成功应用,需要对其进行某种简化,以减小计算量。图 4-7 所示为模糊控制系统结构图。由图可见,模糊控制器由模糊产生器、知识库、模糊逻辑决策及模糊消除器组成。

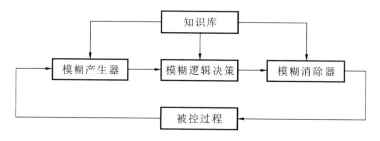

图 4-7 模糊控制系统结构图

3)神经网络

人工神经网络利用物理器件来模拟生物神经网络的某些结构和功能。典型的人工神经元模型如图 4-8 所示。不同的神经元即构成人工神经网络,如图 4-9 所示。

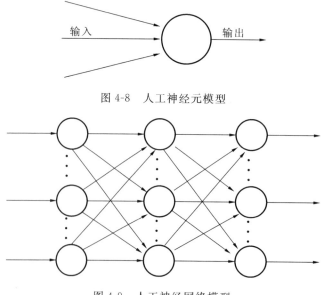

图 4-8 人工神经元模型

图 4-9 人工神经网络模型

人工神经网络是一个并行分布式的信息处理网络结构,由许多个神经元组成,每个神经元都有一个单一的输出,可以连接到很多其他的神经元,其输入有多个连接通路,每个连接通路对应一个连接权系数。人工神经网络对生物神经网络的模拟包括两个方面,一是在结构和实现机理上进行模拟,二是从功能上进行模拟,即尽可能使人工神经网络具有生物神经网络的某些功能特性,如学习、识别和控制等。在控制领域主要利用人工神经网络的第二类模拟功能。

神经网络具有以下特性:

(1) 神经网络具有非线性逼近能力。由于神经网络具有任意逼近非线性映射的能力,因此,神经网络在用于非线性系统的过程控制时,具有更大的发展前途。

(2) 神经网络具有并行分布处理能力。神经网络具有高效并行结构,可以对信息进行高速并行处理。

(3) 神经网络具有学习和自适应功能,能够根据系统过去的记录,找出输入、输出之间的内在联系,从而求得问题的答案。这一处理过程不依靠对问题的先验知识和规则,因此,神经网络具有较好的自适应性。

(4) 神经网络具有数据融合能力,可以同时对定性数据和定量数据进行操作。

(5) 神经网络具有多输入和多输出网络结构,可以处理多变量问题。

(6) 神经网络的并行结构便于硬件的实现。

在上述诸多特性中,对于控制系统,其中最有意义的是神经网络的非线性逼近能力。

4) 自适应控制

自适应控制的方法就是在运行过程中不断测量受控对象的特性,根据测得的特征信息使控制系统按最新的特性实现闭环最优控制。自适应控制主要分为模型参考自适应控制和自校正自适应控制。

模型参考自适应控制器的作用是使系统的输出响应趋近于某种指定的参考模型,如图 4-10 所示。自适应控制就是根据机器人每一关节的输出与参考模型的输出之间的偏差,自动调节机器人闭环的反馈增益,以使其闭环工作特性尽可能地与参考模型具体体现的特性相当。但是这种控制是建立在假定机器人参数的变化过程与参考模型及机器人本身的时间响应相比要慢,同时比其反馈增益的调整也要慢的前提之下的,同时它还要求进行独立的稳定性分析。

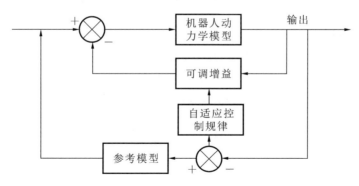

图 4-10 模型参考自适应控制

自校正自适应控制是把机器人状态方程在目标轨迹附近线性化,形成离散摄动方程,用递推最小二乘法辨识摄动方程中的系统参数,并在每个采样周期更新和调整线性化系统的

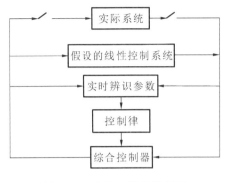

图 4-11 自校正调节器原理

参数和反馈增益,以确定所需的控制力。图 4-11 展示了自校正调节器的原理。通常系统模型是未知的,因而用一个假设的闭环线性模型来代替此未知系统(对机器人来讲,此假设的线性模型的形式可由机器人动力学模型的线性化得到)。通过对实际系统输入和输出的采样,用一个递推形式的辨识器实时辨识系统的参数,在每一个采样周期,把辨识得到的最新的参数值通过特定的控制律,综合出适当的控制器参数。然后将新得到的控制量输入系统和参数辨识器,以便计算下一次的控制量。参数的辨识可用各种递推方法进行,如最小二乘法、广义最小二乘法、极大似然法等。自校正调节器的设计通常有两种方法,即最优设计方法(包括最小方差法和广义最小方差法)和极点配置设计方法。

5)鲁棒控制

鲁棒控制的研究始于 20 世纪 50 年代。一个控制系统是鲁棒的,或者说一个控制系统具有鲁棒性,就是指这个控制系统在某一类特定的不确定性条件下具有使稳定性、渐近调节和动态特性保持不变的特性,即这一控制系统具有承受这一类不确定性影响的能力。

鲁棒控制的基本特征是用一个结构和参数都固定不变的控制器,来保证即使不确定性对系统的性能品质影响最恶劣时也能够满足设计要求。机器人的不确定性分为两大类:不确定的外部干扰和模型误差。显然,模型误差受系统本身状态的激励,同时又反过来作用于系统的动态。机器人系统的各种参数误差、降阶处理以及建模时忽略的动态特性等,都可以用模型误差来描述。鲁棒控制器就是基于这些不确定的描述参数和标称系统的数学模型设计的。一般来说,鲁棒控制可以在不确定因素的一定变化范围内,保证系统稳定和维持一定的性能指标,它是一种固定控制,比较容易实现。鲁棒控制系统的设计是以一些最差的情况为基础,因此系统一般并不工作在最优状态,它对控制器的实时性要求比较严格。

任务 3　工业机器人的坐标

工业机器人在生产应用中,除了本身的性能特点要满足作业要求外,一般还需要相应的外围配套设备,如工件的工装夹具,转动工件的回转台、翻转台,移动工件的移动台等。这些外围设备的运动和位置控制都要与工业机器人配合,并具有相应的精度要求。通常工业机器人运动轴按其功能可划分为机器人轴、基座轴和工装轴,统称为外部轴。机器人轴是指工业机器人本体的轴,属于工业机器人本身,目前典型的商用工业机器人大多数采用六轴关节型。基座轴是使机器人移动的轴的总称,主要指行走轴(移动滑台或导轨)。工装轴是除机器人轴、基座轴以外的轴的总称,是指能够使工件、工装夹具翻转和回转的轴,如回转台、翻转台等。

六轴关节型工业机器人本体有六个可活动的关节(轴)。如图 4-12 所示,ABB 工业机器人的运动轴定义为轴 1、轴 2、轴 3、轴 4、轴 5、轴 6。其中轴 1、轴 2、轴 3 为基本轴或主轴,用于保证末端执行器达到工作空间的任意位置;轴 4、轴 5、轴 6 称为腕部轴或次轴,用于实现末端执行器的任意空间姿态。

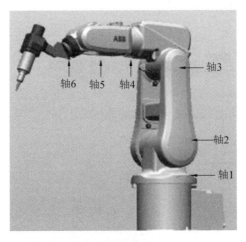

图 4-12 机器人运动轴的定义

工业机器人的运动实质是根据不同的作业内容、轨迹等要求,在各种坐标系下的运动,即对工业机器人进行示教或手动操作时,其运动的方式是在不同的坐标系下进行的。目前,在工业机器人系统中,均可使用关节坐标系、直角坐标系、工具坐标系和用户坐标系,而工具坐标系和用户坐标系同属直角坐标系的范畴。

1. 关节坐标系

在关节坐标系下,工业机器人各轴均可实现单独正向或反向运动。对于大范围运动,且不要求 TCP 姿态的,可选择关节坐标系,各轴运动如表 4-1 所示。

表 4-1 工业机器人本体运动轴定义

轴类型	轴名称	动作说明	动作演示	轴类型	轴名称	动作说明	动作演示
主轴 (基本轴)	轴1	本体回转		次轴 (腕部轴)	轴4	手腕旋转运动	
	轴2	大臂运动			轴5	手腕上下摆动运动	
	轴3	小臂运动			轴6	手腕圆周运动	

TCP(tool center point)为机器人系统的控制点,出厂时默认位于最后一个运动轴或安装法兰盘的中心。安装工具后,TCP 将会发生变化。为能实现精确运动控制,当换装工具或发生工具碰撞时,都需要进行 TCP 点的标定。

2. 直角坐标系

直角坐标系是工业机器人示教和编程时经常使用的坐标系之一。直角坐标系的原点定义在工业机器人安装面与第一转轴的交点处,X 轴向前,Z 轴向上,Y 轴按照右手法则确定,如图 4-13 所示。在直角坐标系中,不管机器人处于什么位置,TCP 点均可按照设定的 X 轴、Y 轴、Z 轴平行移动。机器人各轴运动如表 4-2 所示。

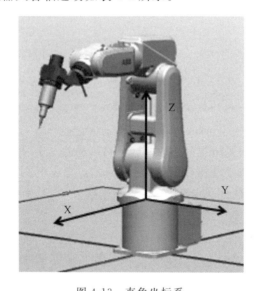

图 4-13 直角坐标系

表 4-2 工业机器人在直角坐标系下的运动

轴类型	轴名称	动作说明	动作演示	轴类型	轴名称	动作说明	动作演示
主轴（基本轴）	X 轴	沿 X 轴平行移动		次轴（腕部轴）	R_X 轴	绕 X 轴旋转	
	Y 轴	沿 Y 轴平行移动			R_Y 轴	绕 Y 轴旋转	
	Z 轴	沿 Z 轴平行移动			R_Z 轴	绕 Z 轴旋转	

3. 工具坐标系

工具坐标系的原点定义在 TCP 点,并且假定工具的有效方向为 Z 轴(有些机器人为 X 轴),而 X 轴、Y 轴由右手法则确定,如图 4-14 所示。工具的方向随腕部的移动而发生变化,与机器人的位姿无关。因此,在进行相对工件不改变工具姿态的平移操作时,选用该坐标系最为合适。在工具坐标系中,TCP 点将沿工具坐标系 X、Y、Z 轴方向运动。机器人各轴运动如表 4-3 所示。

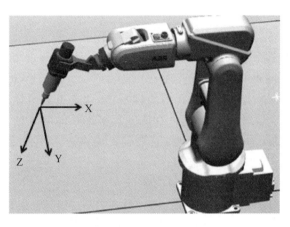

图 4-14 工具坐标系

表 4-3 工业机器人在工具坐标系下的运动

轴类型	轴名称	动作说明	动作演示	轴类型	轴名称	动作说明	动作演示
主轴 (基本轴)	X 轴	沿 X 轴平行移动		次轴 (腕部轴)	R_X 轴	绕 X 轴旋转	
	Y 轴	沿 Y 轴平行移动			R_Y 轴	绕 Y 轴旋转	
	Z 轴	沿 Z 轴平行移动			R_Z 轴	绕 Z 轴旋转	

1) 工具数据

工具数据(tool data)是用于描述安装在机器人第六轴上的工具的 TCP、重量、重心等参数的数据。执行程序时,机器人就是将 TCP 移至编程位置,程序中所描述的速度与位置就是 TCP 点在对应工件坐标系的速度与位置。所有的工业机器人在手腕部都有一个预定义的工具坐标系,该坐标系被称为 tool 0。这样就能将一个或多个新工具坐标系定义为 tool 0 的偏移值。

2) TCP 点的标定

工业机器人通过末端安装不同的工具完成各种作业任务。要想工业机器人正常作业,就要让工业机器人的末端工具能够精确地达到某一确定位姿,并能够始终保持这一状态。从机器人的运动学角度理解,就是在工具中心点(TCP)固定一个坐标系,控制其相对于机器人坐标系的姿态,此坐标系称为末端执行器坐标系,也就是工具坐标系。因此工具坐标系的准确度直接影响工业机器人的轨迹精度。默认工具坐标系的原点位于工业机器人安装法兰盘的中心,当接装不同的工具(如焊枪)时,工具需要获得一个用户定义的直接坐标系,其原点在用户定义的参考点(TCP)上,如图 4-15 所示,这一过程实现的是工具坐标系的标定。它是工业机器人控制器所必须具备的一项功能。

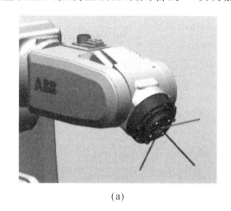
(a)

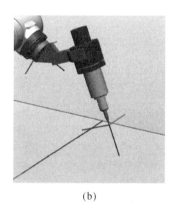
(b)

图 4-15 机器人工具坐标系的标定
(a) 未进行 TCP 标定 (b) TCP 标定

机器人工具坐标系的标定是指将工具中心点(TCP)的位置和姿态告诉机器人,指出它们与机器人末端法兰盘关节坐标系的关系。目前工业机器人工具坐标系的标定方法主要有外部基准标定法和多点标定法。

外部基准标定法只需要使工具对准某一测定好的外部基准点,便可完成标定。标定过程快速简便,但这类标定法依赖于机器人外部基准。

大多数的工业机器人都具备工具坐标系多点标定功能。这类标定包含工具中心点(TCP)位置多点标定和姿态多点标定。TCP 位置标定是使几个标定点 TCP 位置重合,从而计算出 TCP,即工具坐标系原点相对于末端关节坐标系的位置,如四点法;而 TCP 姿态标定是使几个标定点之间具有特殊的方位关系,从而计算出工具坐标系相对于末端关节坐标系的状态,如五点法(在四点法的基础上,除能确定工具坐标系的位置外还能确定工具坐标系的 Z 轴方向)、六点法(在四点法、五点法的基础上,能确定工具坐标系的位置和确定工具坐标系的 X、Y、Z 三轴的姿态)。

为了获得更准确的 TCP,下面以六点法为例进行操作。

(1) 在机器人的动作范围内找到一个非常精确的固定点。

(2) 在工具上确定一个参考点(最好就是工具中心点 TCP)。

(3) 手动操作机器人移动工具参考点,以四种不同的工具姿态尽可能与固定点刚好碰上。第四点是用工具的参考点垂直于固定点,第五点是工具参考点从固定点向将要设定的 TCP 的 X 轴方向移动,第六点是工具参考点从固定点向将要设定的 TCP 的 Z 轴方向移动,如图 4-16 所示。

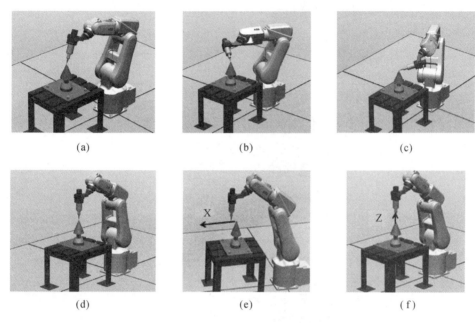

图 4-16 TCP 标定过程示意图

(4) 工业机器人控制系统通过前四个点的位置数据即可计算出 TCP 的位置,通过后两个点即可确定 TCP 的姿态。

(5) 根据实际情况设定工具的质量和重心。

注意:TCP 标定主要以次轴(腕部轴)为主。在参考点附近要降低速度,以免相撞。TCP 标定后,可通过在关节坐标系以外的坐标系中,进行控制点不变动的作业来检验标定效果。如果 TCP 标定精确的话,可以看到工具参考点与固定点始终保持接触,而机器人仅改变工具参考点的姿态。

如果使用搬运类的夹具,如搬运夹紧夹具,其结构对称,仅重心在默认工具坐标系的 Z 方向偏移一定距离,此时设定 TCP 可以在设置页面直接手动输入偏移量和质量数据。

4. 用户坐标系

用户坐标系是为作业示教方便,用户自行定义的坐标系,如图 4-17 所示,如工作台坐标系和工件坐标系。可根据需要定义多个用户坐标系。当工业机器人配备多个工作台时,选择用户坐标系可使操作更加简单和便捷。在用户坐标系中,TCP 沿用户自定义的坐标轴方向运动。机器人各轴运动如表 4-4 所示。

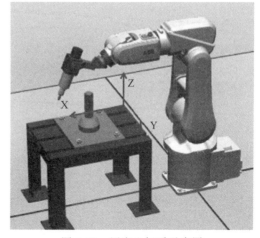

图 4-17 用户坐标系示意图

表 4-4 工业机器人在用户坐标系下的运动

轴类型	轴名称	动作说明	动作演示	轴类型	轴名称	动作说明	动作演示
主轴（基本轴）	X 轴	沿 X 轴平行移动	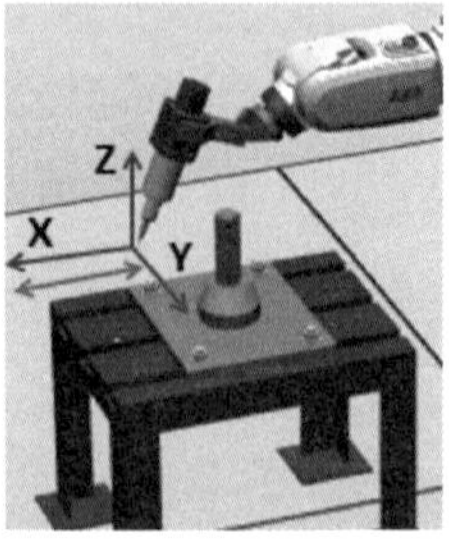	次轴（腕部轴）	R_X 轴	绕 X 轴旋转	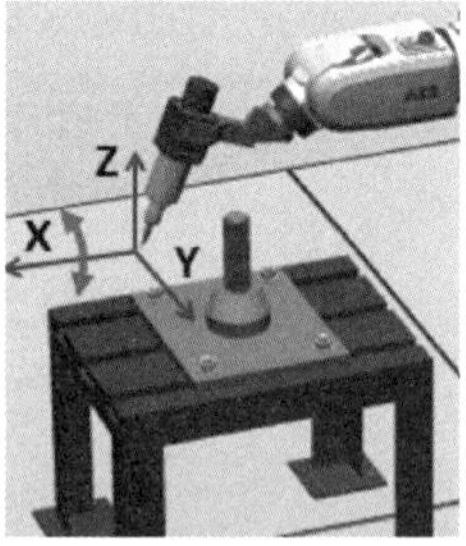
	Y 轴	沿 Y 轴平行移动	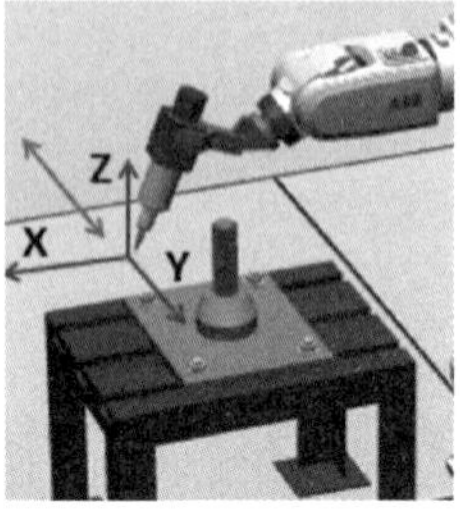		R_Y 轴	绕 Y 轴旋转	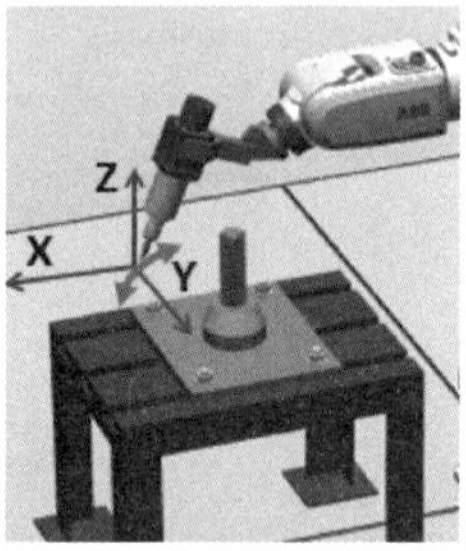
	Z 轴	沿 Z 轴平行移动	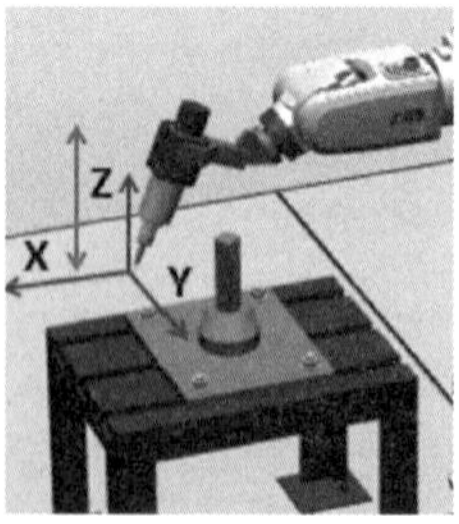		R_Z 轴	绕 Z 轴旋转	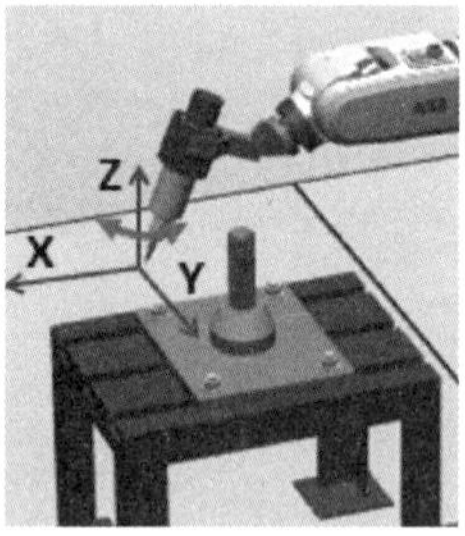

不同坐标系的功能是一样的，在关节坐标系下完成的动作，同样也可以在直角坐标系中完成。工业机器人在关节坐标系下的动作是单轴运动，而在直角坐标系下则是多轴协调运动。除关节坐标系外，其他坐标系均可实现控制点不变运动（只改变姿态而不改变位置，重定位），这在进行机器人 TCP 标定时经常用到。

思考与实训

（1）思考不同坐标系各在什么情况下使用。
（2）进行工业机器人在不同坐标系下的运动操作。
（3）进行工业机器人的 TCP 的标定。

项目 5　工业机器人现场编程

学习目标

了解工业机器人的现场编程。

知识要点

(1) 掌握工业机器人工作站的构成要素；
(2) 理解工业机器人工作站的功能；
(3) 掌握工业机器人与 PLC 的接口信号配置；
(4) 掌握工业机器人远程控制的电路设计和程序编写。

训练项目

(1) 能设计工业机器人与外围设备的接口电路；
(2) 能设计调试 PLC 程序及机器人程序；
(3) 能解决工业机器人工作站的常见故障。

任务 1　示教器使用操作(实训)

操作工业机器人,就必须和机器人示教器打交道,本任务主要了解机器人示教器的操作。示教器是进行机器人的手动操纵、程序编写、参数配置以及监控的手持装置,也是最常见的机器人控制装置。

1. 设定示教器的显示语言

示教器出厂时,默认的显示语言是英语,为了更方便地操作,下面介绍把显示语言设定为中文的操作步骤。

第 1 步:在主菜单页面下,单击 ABB 主菜单下拉菜单,如图 5-1 所示。

第 2 步:选择"Control Panel"选项,得到如图 5-2 所示页面。

第 3 步:选择"Language"中的"Chinese",如图 5-3 所示。

第 4 步:单击"OK",系统重新启动,如图 5-4 所示。

第 5 步:重启后,系统自动切换到中文模式,如图 5-5 所示。

2. 设定示教器的日期和时间

为了方便进行文件的管理和故障的查阅与管理,在进行机器人操作之前要将机器人系统的时间设定为本地区的时间,具体操作步骤如下。

第 1 步:在主菜单页面下,单击 ABB 主菜单下拉菜单,如图 5-6 所示。

图 5-1　ABB 主菜单下拉菜单

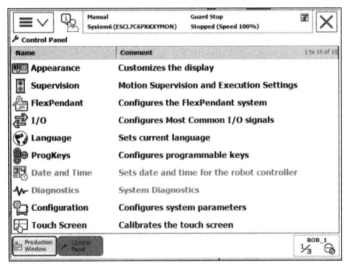

图 5-2　Control Panel 页面

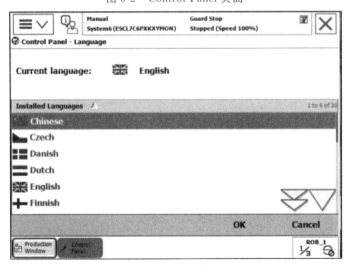

图 5-3　选择"Language"中的"Chinese"

项目 5 工业机器人现场编程

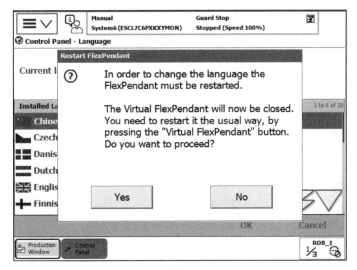

图 5-4　系统重新启动

图 5-5　系统自动切换到中文模式

图 5-6　ABB 主菜单下拉菜单

第 2 步：选择"控制面板"，选择"日期和时间"栏，如图 5-7 所示。

图 5-7　选择"日期和时间"栏

第 3 步：对日期和时间进行设定，日期和时间修改完成后，单击"确定"，完成机器人日期和时间的设定，如图 5-8 所示。

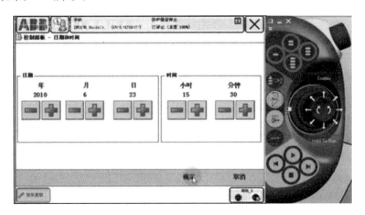

图 5-8　日期和时间设定

任务 2　机器人的手动操作

手动操作机器人运动一共有三种模式：单轴运动、线性运动和重定位运动。

1. 单轴运动

如图 5-9 所示，一般 ABB 机器人是六个伺服电动机分别驱动机器人的六个关节轴，每次手动操作一个关节轴的运动，就称之为单轴运动。在一些特别的场合使用单轴运动来操作会很方便快捷，比如说在进行转数计数器更新的时候可以用单轴运动的操作，还有机器人出现机械限位和软件限位,也就是超出移动范围而停止时,可以利用单轴运动的手动操作,将机器人移动到合适的位置。单轴运动在进行粗略的定位和比较大幅度的移动时,相比其他的手动操作模式会方便快捷很多。

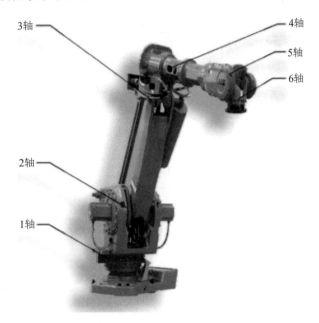

图 5-9 ABB 机器人关节轴

将控制柜上机器人状态钥匙切换到中间的手动限速状态,如图 5-10 所示,在状态栏中,确认机器人的状态已切换为"手动"。ABB 菜单中,选择"手动操纵",选取要操作的轴即可进行单轴运动。

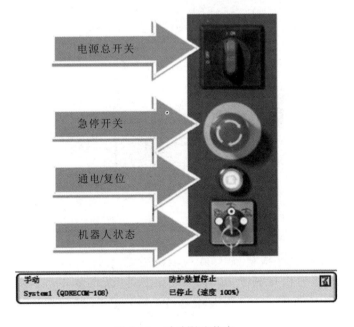

图 5-10 手动限速状态

2. 线性运动

机器人的线性运动是指安装在机器人第六轴法兰盘上的工具 TCP 在工作空间中做线性运动。在 ABB 菜单的"手动操纵"→"动作模式"界面中选择"线性",然后单击"确定",如图 5-11 所示。

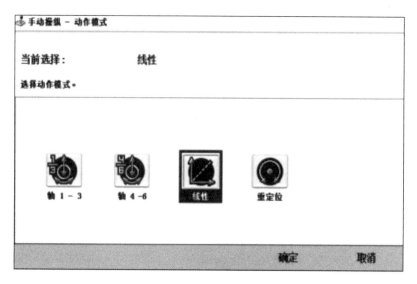

图 5-11 线性动作模式

动作模式设置好后,机器人做线性运动,如图 5-12 所示。

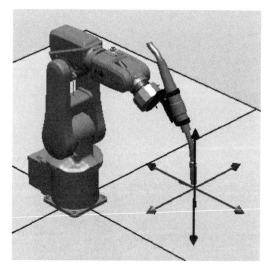

图 5-12 工具 TCP 在工作空间中做线性运动

3. 重定位运动

机器人的重定位运动是指机器人第六轴法兰盘上的工具 TCP 在工作空间中绕着坐标轴旋转的运动,也可以理解为机器人绕着工具 TCP 做姿态调整的运动。在 ABB 菜单的"手动操纵"→"动作模式"界面中选中"重定位",然后单击"确定",如图 5-13 所示。

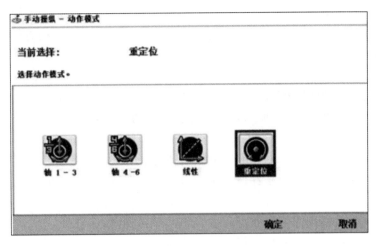

图 5-13　重定位动作模式

任务 3　机器人编程语言（实训）

在 RAPID 语言中提供了丰富的指令，用户可以根据自己的需要编制专属的指令集来满足在具体应用中的需要。ABB 机器人的程序数据共有 76 个，并且可以根据实际的一些情况进行程序数据的创建。这为 ABB 机器人的程序编辑设计带来无限的可能和发展，可以通过示教器中的程序数据窗口查看所需要的程序数据及类型。

1. 程序数据的存储类型

1）变量 VAR

VAR 表示存储类型为变量。变量型数据是在程序执行的过程中和停止时，都会保持着当前的值，不会改变，但如果程序指针被移动到主程序后，变量型数据的数值会丢失。这就是变量型数据的特点。

VAR num length：＝0；表示名称为 length 的数字数据。

VAR string name：＝"John"；表示名称为 name 的字符数据。

VAR bool finished：＝FALSE；表示的是名称为 finished 的布尔量数据。

进行了数据的声明后，在机器人执行的 RAPID 程序中也可以对变量存储类型的程序数据进行赋值的操作，例如：将名称为 length 的数字数据赋值为 1，将名称为 name 的字符数据赋值为"john"，将名称为 finished 的布尔量数据赋值为"TRUE"。但是在程序中执行变量型程序数据的赋值时，指针复位后将恢复为初始值。

2）可变量 PERS

PERS 表示存储类型为可变量。与变量型数据不同，可变量型数据最大的特点是无论程序的指针如何，可变量型数据都会保持最后赋予的值。

PERS num nbr：＝1；表示名称为 nbr 的数字数据。

PERS string text：＝"Hello"；表示名称为 text 的字符数据。

在机器人执行的 RAPID 程序中也可以对可变量存储类型的程序数据进行赋值的操作，

例如:对名称为 nbr 的数字数据赋值为 8,对名称为 text 的字符数据赋值为"hi"。但是在程序执行以后,赋值结果会一直保持,与程序指针的位置无关,直到对数据进行重新的赋值,才会改变原来的值。

3) 常量 CONST

CONST 表示存储类型是常量。常量的特点是定义的时候就已经被赋予了数值,并不能在程序中进行修改,除非进行手动的修改,否则数值一直不变。

CONST num gravity:=9.81;表示名称为 gravity 的数字数据。

CONST string greating:="Hello";表示名称为 greating 的字符数据。

当在程序中定义常量后,对于存储类型为常量的程序数据,不允许在程序中进行赋值的操作。

在程序的编辑中,根据不同的数据用途,定义了不同的程序数据。在 76 个 ABB 机器人的程序数据中,有一些机器人系统常用的程序数据。

2. 编程语言的基本语法

1) 计数指令

(1) 相加指令 Add。

格式:Add 表达式1,表达式2;

作用:将表达式1与表达式2的值相加后赋值给表达式1,相当于赋值指令,即 表达式1:=表达式1+表达式2;

[实例]

Add reg1,3;　等价于 reg1:=reg1+3;

Add reg1,-reg2;　等价于 reg1:=reg1-reg2;

(2) 自增指令 Incr。

格式:Incr 表达式1;

作用:将表达式1的值自增1后赋给表达式1,即 表达式1:=表达式1+1;

[实例]

Incr reg1;　等价于 reg1:=reg1+1;

(3) 自减指令 Decr。

格式:Decr 表达式1;

作用:将表达式1的值自减1后赋值给表达式1,即 表达式1:=表达式1-1;

[实例]

Decr reg1;　等价于 reg1:=reg1-1;

(4) 清零指令 Clear。

格式:Clear 表达式1;

作用:将表达式1的值清零,即 表达式1:=0;

[实例]

Clear reg1;　等价于 reg1:=0;

2) 中断指令

执行程序时,如果发生紧急情况,机器人需要暂停执行原程序,转而跳到专门的程序中对紧急情况进行处理,处理完后再返回原程序暂停的地方继续执行。这种专门处理紧急情况的程序就是中断程序(TRAP),中断程序常用于出错处理、外部信号响应等实时响应要求较高的场合。触发中断的指令只需要执行一次，一般在初始化程序中添加中断指令。先新建例行程序，命名为"zhongduan"，类型是"陷阱"，如图 5-14 所示。

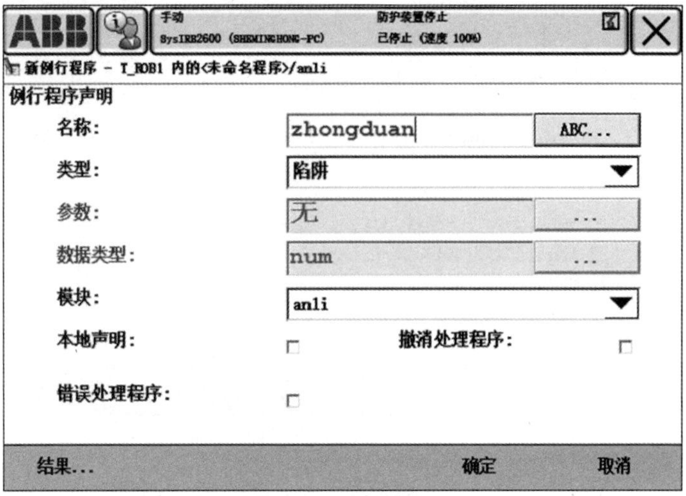

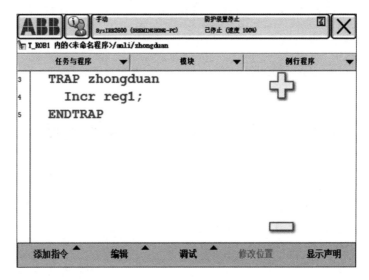

图 5-14 例行程序声明

添加 reg1 自增指令，如图 5-15 所示。

图 5-15 添加指令(1)

在初始化程序中用 IDelete 指令取消中断，用 Connect 指令使中断标识符与中断程序关联，使用 IsignalDI 指令设置中断触发，让 DI 信号作为中断的触发源，如图 5-16 所示。

然后设置好输入输出信号进行仿真，如图 5-17 所示。

如果中断设置有错误会出现相应的报错提示如下。

ERR-UNKINO：无法找到当前的中断标识符；

ERR-ALRDYCNT：中断标识符已经被连接到中断程序；

ERR-CNTNOTVAR：中断标识符不是变量；

ERR-INOMAX：没有更多的中断标识符可以使用。

(1) 触发中断指令 IsignalDI。

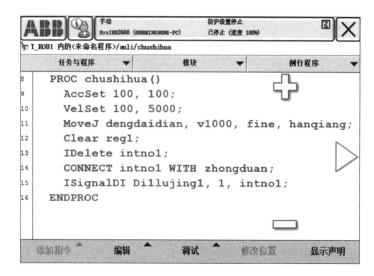

图 5-16　添加指令（2）

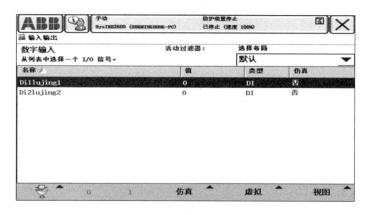

图 5-17　设置输入输出信号

格式：IsignalDI　信号名　信号值　中断标识符；

Single 是中断可选变量，启用时，中断程序被触发一次后失效；不启用时，中断功能持续有效，只有在程序重置或运行 IDelete 后才失效。

［实例］

Main

Connect i1 with zhongduan；

IsignalDI di1,1,i1；

⋮

IDelete i1；

（2）取消中断连接指令 IDelete。

功能：将中断标识符与中断程序的连接解除，如果需要再次使用该中断标识符需要重新用 Connect 连接。

注意，在以下情况下，中断连接将自动清除：

① 重新载入新的程序；

② 程序被重置，即程序指针回到 main 程序的第一行；

③ 程序指针被移到任意一个例行程序的第一行。

(3) 定时中断指令 ITimer。

格式：ITimer[\Single] 定时时间　中断标识符；

功能：定时触发中断。Single 是可选变量，用法和前述相同。

[实例]

Connect i1 with zhongduan；

ITimer 3 i1；//3 s 后触发 i1

(4) 中断睡眠指令 ISleep。

格式：ISleep 中断标识符；

功能：使中断标识符暂时失效，直到 IWatch 指令恢复。

(5) 激活中断指令 IWatch。

格式：IWatch 中断标识符；

功能：将已经失效的中断标识符激活，与 ISleep 搭配使用。

[实例]

Connect i1 with zhongduan；

IsignalDI di1,1,i1；

：(中断有效)

ISleep i1；

：(中断失效)

IWatch i1；

：(中断有效)

(6) 关闭中断指令 IDisable。

格式：IDisable

功能：使中断功能暂时关闭，直到执行 IEnable 才进入中断处理程序。该指令用于机器人正在执行的指令不希望被打断的操作期间。

(7) 打开中断 IEnable。

格式：IEnable

功能：将被 IDisable 关闭的中断打开。

[实例]

IDisable(暂时关闭所有中断)

：(所有中断失效)

IEnable(将所有中断打开)

：(所有中断恢复有效)

思考与实训

中断程序 TRAP 实例的操作如下：

① 创建一个中断程序，在"类型"中选择"中断"，然后单击"确定"。

② 在新建中断程序中添加赋值指令"reg1：＝reg1＋1；"。

③ 在 main 模块中添加取消中断连接指令"IDelete"。

④ IDelete 中选择"intnol"，如果没有的话，就新建一个，然后单击"确定"。

⑤ 添加连接一个中断符号到中断程序的指令"Connect"。
⑥ 双击"〈VAR〉"进行设定。
⑦ 选择"intno1",然后单击"确定"。
⑧ 双击"〈ID〉"进行设定。
⑨ 选择要关联的中断程序"Routine1",然后单击"确定"。
⑩ 添加一个触发中断指令"ISignalDI"。
⑪ 选择触发中断信号"di1"。
⑫ ISignalDI 中的 Single 参数启用,则此中断只会响应 di1 一次,若要重复响应,则将其去掉。

我们不需要在程序中对中断程序进行调用,定义触发条件的语句一般放在初始化程序中。当程序启动并运行完该定义触发条件的指令一次后,则进入中断监控。当数字输入信号 di1 变为 1 时,则机器人立即执行 TRAP 中的程序。

运行完成之后,指针返回至触发该中断的程序位置继续往下执行。

根据以上中断程序 TRAP 实例,了解中断程序 TRAP 的作用及适用范围,再通过实际的例子,完成中断指令的配置和设定。

项目 6　工业机器人视觉系统

学习目标

(1) 了解位置、测距、角速度、光电、电感等传感器的工作原理和应用；
(2) 掌握机器视觉系统的组成；
(3) 了解数字图像处理的主要研究内容。

知识要点

(1) 位置与测距传感器；
(2) 角速度传感器；
(3) 机器视觉系统；
(4) 数字图像处理。

训练项目

(1) 超声波位置传感器的安装与调试；
(2) 电容式位置传感器的安装与调试；
(3) 增量式、绝对式和混合式旋转编码器的使用。

任务 1　位置与测距传感器

1. 位置传感器

位置传感器在实际应用中有连续测量物位变化的连续式和以点测为目的的开关式两种。其中，开关式的产品应用较广泛一些，它可以用于过程自动控制的门限、溢流和空转防止等；连续测量式主要用于需要连续控制、仓库管理和多点报警系统中。下面介绍两种常见的位置传感器的工作原理。

1) 超声波位置传感器

超声波位置传感器是一种非接触式的位置传感器，对于一些不宜接触测量的场合是最好的选择。它是通过向被测物体表面发射超声波，被反射后，由传感器接收，通过时间和声速来计算其到物体表面的距离，如图 6-1 所示。超声波有一个特性：它的频率越低，随着距离的衰减越小，但是反射效率也越低，所以需要根据距离、物体表面状况等因素来选择超声波传感器类型。

2) 电容式位置传感器

电容式位置传感器由两个导体电极组成，是通过电极间待测液位的变化导致静电容的变化来进行测量的。它的敏感元件形状一般有棒状、线状和板状。电容式位置传感器受压力、温度的影响比较大,这是由它的材料决定的。有些产品不仅可以测量液位,还可以检测自身敏感元件是否破损、绝缘性是否降低、电缆和电路是否有故障等,并给出报警信号,如图6-2所示。

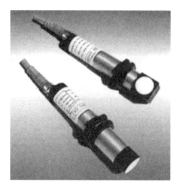

图6-1 超声波位置传感器

图6-2 电容式位置传感器

2. 测距传感器

在实际应用中,机器人不仅需要检测哪个方向有障碍物,而且还需要检测障碍物距离自己的距离,以此判断下一步的行动。这时我们就需要测距传感器。

测距传感器大多为非接触式的,目前在个人机器人制作领域用得比较多的是红外和超声波测距传感器两种。提到红外测距传感器,就不能不提夏普的GP2D12红外测距传感器,如图6-3所示。GP2D12几乎可以说是机器人爱好者的必备传感器,在我们平时常看到的一些个人机器人作品中,绝大多数都可以看到它的身影。这种传感器的优点是体积小,测量准确,电源电压与输出信号都较常规,一般单片机系统都可直接使用,缺点是成本较高,购买途径较少。

超声波测距传感器也是一种很常见的测距传感器,依靠超声波在发射与反射接收中的时间差来判断距离,这和动物界的蝙蝠是一样的,算是仿生学的一项应用,如图6-4所示。超声波测距传感器规格很多,测试距离也从远到近都有,价格相差也较大,一般机器人爱好者使用的是测量范围在几厘米到几米的超声波测距传感器。

图6-3 红外测距传感器

图6-4 超声波测距传感器

超声波测距的优点在于测量范围较大且不使用光学信号,所以被测物体的颜色对测量结果没有影响,但其成本较高。由于它依靠声速测距,因此对于一些影响声速的因素较敏感,比如温度、风速等。

任务2 角速度传感器

1. 旋转编码器

旋转编码器是通过光电转换,将输出至轴上的机械、几何位移量转换成脉冲或数字信号的传感器,主要用于速度或位置(角度)的检测。一般来说,根据产生脉冲的方式不同,旋转编码器可以分为增量式、绝对式以及混合式三大类。

1) 绝对式光电编码器

绝对式光电编码器通过输出唯一的数字码来表征绝对位置、角度或转数信息。这唯一的数字码被分配给每一个确定角度。一圈内这些数字码的个数代表了单圈的分辨率。因为绝对的位置是用唯一的码来表示的,所以无须初始参考点。绝对式光电编码器的原理示意图如图6-5所示。

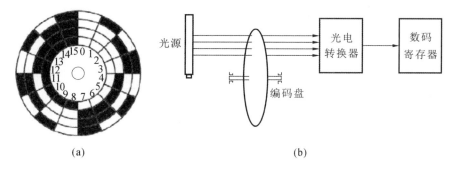

图6-5 绝对式光电编码器的原理示意图
(a) 二进制编码盘 (b) 角位移检测原理示意图

图6-5(a)所示的是一个二进制编码的绝对式光电编码盘,圆盘分为$2n$等分(图中为16等分),并沿径向分成n圈,各圈对应着编码的位数,称为码道。故图6-5(a)所示的编码盘是一个4位二进制编码盘,其中透明(白色)的部分为"0",不透明(黑色)的部分为"1"。由不同的黑、白区域的排列组合即构成与角位移位置相对应的数码,如"0000"对应"0"号位,"0011"对应"3"号位等。码盘的材料大多为玻璃,也有用金属与塑料的。

应用编码盘进行角位移检测的示意图如图6-5(b)所示,对应码盘每一码道,有一个光电检测元件(图中为4码道光电码盘)。当编码盘处于不同角度时由透明和不透明区域组成的数码信号,由光电元件的受光与否,转换成电信号送往数码寄存器,由数码寄存器即可获得角位移的位置数值。

光电编码盘检测的优点是非接触检测,允许高转速,精度也较高,单个码盘可做到18个码道。其缺点是结构复杂、价格较贵、安装较困难。但由于光电编码盘允许高转速,精度高,且输出为数字量,便于计算机控制,因此在高速、高精度的数控机床中得到了广泛应用。

2) 增量式光电编码器

增量式光电编码器通过输出"电脉冲"来表征位置和角度信息。一圈内的脉冲数代表了分辨率。位置的确定则是依靠累加相对某一参考位置的输出脉冲数得到的。当初始上电时,需要找一个相对零位来确定绝对的位置信息。

增量式光电编码器由光栅盘和光电检测装置组成。光栅盘是在一定直径的圆板上等分地开通若干个长方形狭缝。由于光电码盘与电动机同轴,电动机旋转时,光栅盘与电动机同速旋转,经发光二极管等电子元件组成的检测装置检测后输出若干脉冲信号,其原理示意图如图 6-6 所示。因此,根据脉冲信号数量,便可推知转轴转动的角位移数值。

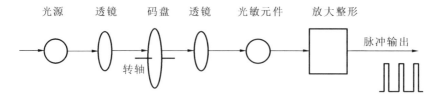

图 6-6　增量式光电编码器的原理示意图

为了提供旋转方向的信息,增量式编码器通常利用光电转换原理输出三组方波脉冲 A、B 和 Z 相;A、B 两组脉冲相位差 90°。当 A 相脉冲超前 B 相时为正转方向,而当 B 相脉冲超前 A 相时则为反转方向。Z 相为每转一个脉冲,用于基准点定位,如图 6-7 所示。

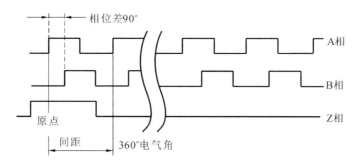

图 6-7　增量式编码器输出的三组方波脉冲

3) 混合式编码器

混合式编码器输出两组信息:一组信息用于检测磁极位置,带有绝对信息功能;另一组则与增量式编码器的输出信息相同。

混合式编码器就是把增量制码与绝对制码同时做在一块码盘上。在圆盘的最外圈是高密度的增量条纹,中间由四个码道组成绝对式的四位葛莱码(二进制循环码),每 1/4 同心圆被葛莱码分割成 16 个等分段。该码盘采用三级计数:粗、中、精计数。码盘转的转数由对"一转脉冲"的计数来表示。在一转以内的角度位置由葛莱码的 4×16 个不同的数值表示。每 1/4 圆对应的葛莱码的细分由最外圈的增量码完成。

2. 测速发电机

测速发电机(tachogenerator)是一种检测机械转速的电磁装置。它能把机械转速变换成电压信号,其输出电压与输入的转速成正比关系,如图 6-8 所示。在自动控制系统和计算装置中通常作为测速元件、校正元件、解算元件和角加速度信号元件等。自动控制系统对测速发电机的要求,主要是精确度高、灵敏度高、可靠性好等。具体如下:

(1) 输出电压与转速保持良好的线性关系;
(2) 剩余电压(转速为零时的输出电压)要小;

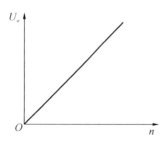

图 6-8　测速发电机输出电压与转速的关系

(3) 输出电压的极性和相位能反映被测对象的转向；
(4) 温度变化对输出特性的影响小；
(5) 输出电压的斜率大，即转速变化所引起的输出电压的变化要大；
(6) 摩擦转矩和惯性要小。

此外，还要求它体积小、质量轻、结构简单、工作可靠、对无线电通信的干扰小、噪声小等。

在实际应用中，不同的自动控制系统对测速发电机的性能要求各有所侧重。例如作解算元件时，对线性误差、温度误差和剩余电压等都要求较高，一般允许在千分之几到万分之几的范围内，但对输出电压的斜率要求不高；作校正元件时，对线性误差等精度指标的要求不高，而要求输出电压的斜率要大。

测速发电机按输出信号的形式，可分为交流测速发电机和直流测速发电机两大类。交流测速发电机又有同步测速发电机和异步测速发电机两种。前者的输出电压虽然也与转速成正比，但输出电压的频率也随转速而变化，所以只作指示元件用；后者是目前应用最多的一种，尤其是空心杯转子异步测速发电机。直流测速发电机有电磁式和永磁式两种。虽然它们存在机械换向问题，会产生火花和无线电干扰，但它的输出不受负载性质的影响，也不存在相角误差，所以在实际中的应用也较广泛。

1) 直流测速发电机

直流测速发电机实际上是一种微型直流发电机。按励磁方式可分为电磁式和永磁式两种。

(1) 电磁式，表示符号如图6-9(a)所示。定子常为两极，励磁绕组由外部直流电源供电，通电时产生磁场。目前，我国生产的CD系列直流测速发电机为电磁式。

(2) 永磁式，表示符号如图6-9(b)所示。定子磁极是由永久磁钢做成的。由于没有励磁绕组，所以可省去励磁电源，具有结构简单、使用方便等特点，近年来发展较快。永磁式的缺点是永磁材料的价格较贵，受机械振动易发生程度不同的退磁。为防止永磁式直流测速发电机的特性变坏，必须选用矫顽力较高的永磁材料。目前，我国生产的CY系列直流测速发电机为永磁式。

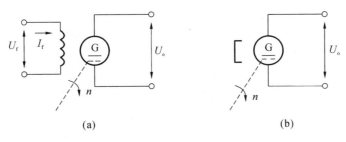

图6-9 直流测速发电机

永磁式直流测速发电机按其应用场合不同，可分为普通速度型和低速型。前者的工作转速一般在每分钟几千转以上，高时可达每分钟一万转以上；而后者一般在每分钟几百转以下，低时可达每分钟一转以下。由于低速测速发电机能和低速力矩电动机直接耦合，省去了中间笨重的齿轮传动装置，消除了由于齿轮间隙带来的误差，提高了系统的精度和刚度，因而在国防、科研和工业生产等各种精密自动化技术中得到了广泛应用。

2) 交流测速发电机

交流测速发电机可分为同步测速发电机和异步测速发电机两大类。同步测速发电机又分为永磁式、感应子式和脉冲式三种。由于同步测速发电机感应电动势的频率随转速的变化而变化,致使负载阻抗和电机本身的阻抗均随转速而变化,所以在自动控制系统中较少采用。

异步测速发电机按其结构可分为鼠笼转子式和空心杯转子式两种。它的结构与交流伺服电动机相同。鼠笼转子异步测速发电机输出斜率大,但线性度差,相位误差大,剩余电压高,一般只用在精度要求不高的控制系统中。空心杯转子异步测速发电机的精度较高,转子转动惯量也小,性能稳定。目前,我国生产的这种测速发电机的型号为CK。

任务3 视觉系统的硬件组成与应用

1. 机器视觉系统

1) 机器视觉系统简介

机器视觉系统是指利用机器替代人眼做出各种测量和判断。机器视觉是工程领域和科学领域中的一个非常重要的研究领域,它是一门涉及光学、机械、计算机、模式识别、图像处理、人工智能、信号处理以及光电一体化等多个领域的综合性学科,其应用范围随着工业自动化的发展逐渐完善和推广。其中CMOS和CCD摄像机、DSP、ARM嵌入式技术、图像处理和模式识别等技术的快速发展,有力地推动了机器视觉的发展。机器视觉是一种比较复杂的系统。因为大多数系统监控对象都是运动物体,系统与运动物体的匹配和协调动作尤为重要,所以给系统各部分的动作时间和处理速度提出了严格的要求。在某些应用领域,例如机器人、飞行物体制导等,对整个系统或者系统的一部分的质量、体积和功耗都会有严格的要求。

机器视觉系统通过图像摄取装置将被摄取目标转换成图像信号,传送给专用的图像处理系统,根据像素分布和亮度、颜色等信息,转变成数字化信号。机器视觉系统可以快速获取大量信息,而且易于自动处理,也易于同设计信息以及加工控制信息集成。在生产线上,人来做此类测量和判断会因疲劳、个人之间的差异等产生误差和错误,但是机器会不知疲倦地、稳定地进行下去。在一些不适合人工作业的危险工作环境或人工视觉难以满足要求的场合,常用机器视觉来替代人工视觉。

机器视觉系统就其检测性质和应用范围而言,分为定量和定性检测两大类,每类又分为不同的子类。机器视觉在工业在线检测的各个应用领域十分活跃,如印刷电路板的视觉检查、钢板表面的自动探伤、大型工件平行度和垂直度测量、容器容积或杂质检测、机械零件的自动识别分类和几何尺寸测量等。此外,在许多其他方法难以检测的场合,利用机器视觉系统可以有效地实现。机器视觉的应用正越来越多地代替人去完成许多工作,这无疑在很大程度上提高了生产自动化水平和检测系统的智能水平。

机器视觉系统的优点有:

(1) 非接触测量,对于被检测对象不会产生任何损伤,而且提高了系统的可靠性。

(2) 较宽的光谱响应范围,例如人眼看不见的红外测量,扩展了人眼的视觉范围。

(3) 长时间稳定工作,人类难以长时间对同一对象进行观察,而机器视觉系统则可以长时间地进行测量、分析和识别任务。

机器视觉系统的应用领域越来越广泛,在工业、农业、国防、交通、医疗、金融甚至体育、娱乐等行业都获得了广泛的应用,可以说已经深入到我们生产和生活的各个领域。

2) 机器视觉系统的构成和工作过程

一个完整的机器视觉系统包括:照明光源、光学镜头、CCD 摄像机、图像采集卡、图像检测软件、监视器、通信单元等,如图 6-10 所示。

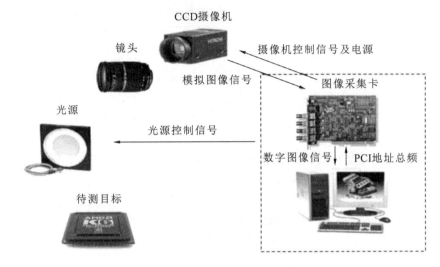

图 6-10　典型的机器视觉系统

如图 6-11 所示,机器视觉系统的工作过程主要包括:

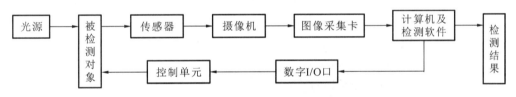

图 6-11　机器视觉系统的工作过程

(1) 当传感器探测到被检测物体接近运动至摄像机的拍摄中心,将触发脉冲发送给图像采集卡。

(2) 图像采集卡根据已设定的程序和延时,将启动脉冲分别发送给照明系统和摄像机。

(3) 一个启动脉冲送给摄像机,摄像机结束当前的拍照,重新开始新的拍照,或者在启动脉冲到来前摄像机处于等待状态,检测到启动脉冲后启动,在开始新的拍照前摄像机打开曝光构件(曝光时间事先设定好);另一个启动脉冲送给光源,光源的打开时间需要与摄像机的曝光时间匹配;摄像机扫描和输出一幅图像。

(4) 图像采集卡接收信号并通过 A/D 转换将模拟信号数字化,或者是直接接收摄像机数字化后的数字视频数据。

(5) 图像采集卡将数字图像存储在计算机的内存中。

(6) 计算机对图像进行处理、分析和识别,获得检测结果。

(7) 处理结果控制流水线的动作,进行定位并纠正运动的误差等。

2. 数字图像处理

1) 数字图像处理简介

数字图像处理(digital image processing)即计算机图像处理,指将图像由模拟信号转化为数字信号,并利用计算机对图像进行去噪、增强、复原、分割、提取特征等处理的过程。图像经过处理后,输出的质量得到很大程度的增强,既改善了其视觉效果,又便于计算机完成后续的分析、处理等。

图像是人类获取信息和交换信息的主要来源之一,图像处理已经在人类生活和工作的许多方面得到了广泛的应用并取得令人瞩目的成就。例如航空航天技术、通信工程、生物医学工程、工业检测、文化艺术、军事安全、电子商务、视频和多媒体系统等领域,图像处理已经成为一门前景远大的新型学科。

数字图像处理技术虽然已经取得了很多重要的研究成果,但是仍然存在如下一些困难:

(1) 信息处理量大。数字图像处理的信息基本上都以二维形式存在,处理信息量较大,对计算机的速度、存储量等有比较高的要求。

(2) 频带占用宽。在图像成像、传输、显示等环节的实现上,成本高,技术难度大,要求更高的频带压缩技术。

(3) 像素相关性较大。数字图像中每个像素并不是独立的,很多像素有着相同或者接近的灰度,相关性较大,因此信息压缩有很大的提升空间。

(4) 不能复现有关三维景物的所有几何信息。图像是三维景物的二维投影,所以必须附加新的测量或者合适的假定才能理解和分析三维景物。

(5) 人为因素的影响大。经过数字图像处理的图像一般是被人观察和分析的,人的视觉系统很复杂,机器视觉系统同样是模仿人的视觉,人的感知机理制约着机器视觉系统的研究。

在工业生产自动化过程中,数字图像处理技术是实现产品实时监控和故障诊断分析最有效的方法之一。随着计算机软硬件、思维科学研究、模式识别以及机器视觉系统等相关技术和理论的进一步发展,将促进这一方法向更高、更深层次发展。

2) 数字图像处理的工具

数字图像处理的应用工具有很多,总体可以分为三类。

第一类工具的共同点是先把图像变换到其他域中进行处理,再变换到原域中进行下一步处理,例如有关图像滤波和正交变换等方法。

第二类工具是直接在空间域中进行图像处理,例如微分方程法、统计法等数学方法。

第三类工具和通常在空间域和频域使用的方法不同,是建立在随机集合和积分几何论基础上的运算,例如数学形态运算方法。

3) 数字图像处理的研究内容

数字图像处理的研究内容主要有以下几个方面。

(1) 图像变换。为了得到更加简单和方便处理的图像函数,一般要对图像进行图像变换,图像变换的形式主要有光学和数字两种,分别对应连续函数和二维离散运算。常用的方法有傅里叶变换、沃尔什-哈达玛变换、离散卡夫纳-勒维变换等间接处理技术。

(2) 图像增强和复原。其目的都是改善图像的质量,提高图像的清晰度。图像增强可以突出预处理图像中所感兴趣信息,常用方法有灰度变换、直方图处理、锐化滤波等。图像复原可以复原被退化的图像,常采用滤波复原的方法。

(3) 图像压缩。这种技术可以除去冗余数据,减少描述图像所需的数据量,实现快速传输和存储图像数据。图像压缩分为无损压缩和有损压缩两种,无损压缩主要用在编码保存等要求图像质量的方面,有损压缩相比前者可以实现更高的压缩程度,但是生成的图像不如原图。

(4) 图像分割。图像分割是把图像内各像素进行分类,将图像细分成若干有意义的子区域,如图像中的区域、边缘等。经过几十年的研究,在借助各种理论的基础上,图像分割的算法现在已经有上千种,但由于这些算法都是针对具体问题提出的,因此尚无通用分割算法。随着各种新技术和新理论的结合,图像分割算法将取得更大的突破和进展。

(5) 图像描述。对被分割出来的区域进行描述,是图像自动化处理的前期步骤。表示区域关系到两个基本选择:用外部特征表示区域和用内部特征表示区域,不管选择何种表示方案都是为了数据便于计算机处理。图像描述的方法有曲线拟合、基于弧长与半径的傅里叶描述、矩描述等。

(6) 图像分类识别。图像分类识别是按照某些特征对研究对象进行识别,属于模式识别的范畴,其主要内容是对预处理后的图像进行图像分割和特征提取,进而进行识别分类。图像识别一般采用统计识别法、模糊识别法和人工神经网分类方法。

任务 4　其他类型传感器

1. 光电传感器

光电传感器是通过把光强度的变化转换成电信号的变化来实现控制的,它的基本结构如图 6-12 所示。光电传感器首先把被测量的变化转换成光信号的变化,然后借助光电元件进一步将光信号转换成电信号。光电传感器一般由光源、光学通路和光电元件三部分组成。光电检测方法具有精度高、反应快、非接触等优点,而且可测参数多,传感器的结构简单、形式灵活多样,因此,光电传感器在检测和控制中应用非常广泛。

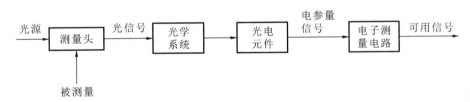

图 6-12　光电传感器的基本结构

由光通量对光电元件的作用原理不同所制成的光学测控系统是多种多样的,按光电元件输出量性质可分为两类,即模拟式光电传感器和脉冲(开关)式光电传感器。模拟式光电传感器是将被测量转换成连续变化的光电流,它与被测量间呈单值关系。

模拟式光电传感器按检测被测量(目标物体)的方法可分为透射(吸收)式、漫反射式和遮光式(光束阻挡)三大类。所谓透射式是指被测物体放在光路中,恒光源发出的光能量穿过被测物,部分被吸收后,透射光投射到光电元件上;所谓漫反射式是指恒光源发出的光投射到被测物体上,再从被测物体表面反射后投射到光电元件上;所谓遮光式是指当光源发出的光通量经被测物体后光被遮住其中一部分,使投射到光电元件上的光通量改变,改变的程度与被测物体在光路中的位置有关。

2. 磁电式传感器

磁电式传感器是利用电磁感应原理,将输入运动速度变换成感应电势输出的传感器。它不需要辅助电源,就能把被测对象的机械能转换成易于测量的电信号,是一种有源传感器。有时也称作电动式或感应式传感器,只适合进行动态测量。由于它有较大的输出功率,故配用电路较简单,零位及性能稳定,工作频带一般为 10~1000 Hz。磁电式传感器具有双向转换特性,利用其逆转换效应可构成力(矩)发生器和电磁激振器等。

根据电磁感应定律,当 W 匝线圈在均恒磁场内运动时,设穿过线圈的磁通为 Φ,则线圈内的感应电势 e 与磁通变化率 dΦ/dt 有如下关系:

$$e = -W\frac{d\Phi}{dt}$$

根据这一原理,可以设计成变磁通式和恒磁通式两种结构形式,构成测量线速度或角速度的磁电式传感器。图 6-13 所示为分别用于旋转角速度和振动速度测量的变磁通式结构。其中永久磁铁 1(俗称"磁钢")与线圈 4 均固定,动铁心 3(衔铁)的运动使气隙 5 和磁路磁阻变化,从而引起磁通变化而在线圈中产生感应电势,因此该结构又称变磁阻式结构。

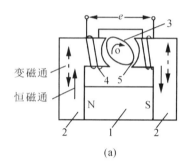 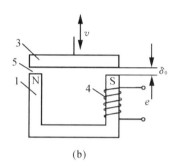

图 6-13 变磁通式结构
(a) 旋转型(变磁阻) (b) 平移型(变气隙)

在恒磁通式结构中,工作气隙中的磁通恒定,感应电势是由于永久磁铁与线圈之间有相对运动——线圈切割磁力线而产生的。这类结构有两种,如图 6-14 所示,其中图(a)为动圈式,图(b)为动铁式。图中的磁路系统由圆柱形永久磁铁和极掌、圆筒形磁轭及空气隙组成。气隙中的磁场均匀分布,测量线圈绕在筒形骨架上,经膜片弹簧悬挂于气隙磁场中。

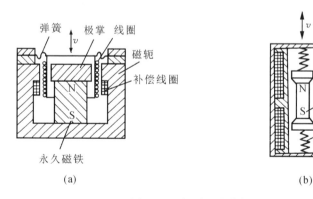

图 6-14 恒磁通式结构
(a) 动圈式 (b) 动铁式

3. 电感式传感器

电感式传感器种类很多,有利用自感原理的自感式传感器,有利用互感原理的差动变压器式传感器。此外,还有利用涡流原理的涡流式传感器,利用压磁原理的压磁式传感器和利用互感原理的感应同步传感器等。

1) 自感式电感传感器

自感式电感传感器属于电感式传感器的一种。它是利用线圈自感量的变化来实现测量的,它由线圈、铁心和衔铁三部分组成。铁心和衔铁由导磁材料如硅钢片或坡莫合金制成,在铁心和衔铁之间有气隙,传感器的运动部分与衔铁相连。当被测量变化时,使衔铁产生位移,引起磁路中磁阻变化,从而导致电感线圈的电感量变化,因此只要能测出这种电感量的变化,就能确定衔铁位移量的大小和方向。

2) 变压器式电感传感器

变压器式电感传感器的工作原理:变压器式电感传感器是将非电量转换为线圈间互感的一种磁电动机构,很像变压器的工作原理,因此常称其为变压器式传感器。这种传感器多采用差动模式。

3) 电涡流式传感器

电涡流式传感器的工作原理是基于电涡流效应。根据法拉第电磁感应定律,金属导体置于变化的磁场中时,导体的表面就会有感应电流产生。电流的流线在金属体内自行闭合,这种由电磁感应原理产生的漩涡状感应电流称为电涡流,这种现象称为电涡流效应。电涡流式传感器不但具有测量范围大、灵敏度高、抗干扰能力强、不受油污等介质的影响、结构简单、安装方便等特点,而且还具有非接触测量的优点。

思考与实训

(1) 简述超声波位置传感器的工作原理。
(2) 简述电容式位置传感器的组成及应用。
(3) 简述旋转编码器的定义及分类。
(4) 简述机器视觉系统的组成及工作过程。
(5) 简述数字图像处理的定义及研究内容。
(6) 简述光电传感器的组成及基本结构。

项目 7　工业机器人驱动系统

学习目标

（1）了解工业机器人驱动系统的分类、性能及其特点；
（2）掌握机器人驱动系统的原理与控制系统。

知识要点

工业机器人驱动系统的分类与控制系统。

训练项目

（1）液压驱动控制系统；
（2）气压驱动控制系统；
（3）电动驱动系统。

任务 1　工业机器人液压驱动

工业机器人液压驱动系统是把油压泵产生的工作油的压力能转变成机械能的装置，根据液压执行器输出量的形式的不同，大致可以把它们区分为做直线运动的油压缸和做旋转运动的油压马达。

随着液压技术与控制技术的发展，各种液压控制机器人已广泛应用。液压驱动的机器人结构简单，动力强劲，操纵方便，可靠性高。其控制方式多式多样，如仿形控制、操纵控制、电液控制、无线遥控、智能控制等。

1.1　液压系统简介

1. 液压控制阀的分类

液压控制阀是液压系统中用来控制油液的流动方向或调节其压力和流量的元件。借助于这些阀，便能对执行元件的启动、停止、运动方向、速度、动作顺序和克服负载的能力进行调节与控制，使各类液压机械都能按要求协调地进行工作。液压控制阀对液压系统的工作过程和工作特性有重要的影响。

液压控制阀可按不同的特征和方式分类，如表 7-1 所示。

表 7-1 液压控制阀的分类

分类方法	种 类	详细分类
按用途分	压力控制阀	溢流阀、减压阀、顺序阀、比例压力控制阀、压力继电器等
	流量控制阀	节流阀、调速阀、分流阀、比例流量控制阀等
	方向控制阀	单向、液控单向阀、换向阀、比例方向控制阀
按操纵方式分	人力操纵阀	手把及手轮、踏板、杠杆
	机械操纵阀	挡块、弹簧、液压、气动
	电动操纵阀	电磁铁控制、电液联合控制
按连接方式分	管式连接	螺纹式连接、法兰式连接
	板式及叠加式连接	单层连接板式、双层连接板式、集成块连接、叠加式
	插装式连接	螺纹式插装、法兰式插装
按控制原理分	开关或定值控制阀	压力控制阀、流量控制阀、方向控制阀
	电液比例阀	电液比例压力阀、电液比例流量阀、电液比例换向阀、电液比例复合阀、电液比例多路阀
	伺服阀	单/两极（喷嘴挡板式、动圈式）电液流量伺服阀、三级电液流量伺服阀、电液压力伺服阀、气液伺服阀、机液伺服阀
	数字控制阀	数字控制压力阀、数字控制流量阀与方向阀

2. 液压控制阀的基本参数

1）公称通径

公称通径代表阀的通流能力大小，对应阀的额定流量。与阀的进出口连接的油管的规格应与阀的通径相一致。阀工作时的实际流量应小于或等于它的额定流量，最大不得大于额定流量的 1.1 倍。

2）额定压力

额定压力代表阀在工作时允许的最高压力。对压力控制阀，实际最高压力有时还与阀的调压范围有关；对换向阀，实际最高压力还可能受其功率极限的限制，常用油压为 25～63 kg/cm^2。

3. 液压系统的基本回路

任何液压系统都是由一些基本回路组成的，基本回路按在液压系统中的功能可分：

（1）方向控制回路——控制执行元件运动方向的变换和锁停；

（2）压力控制回路——控制整个系统或局部油路的工作压力；

（3）速度控制回路——控制和调节执行元件的速度。

1.2 液压伺服系统

1. 液压伺服系统的组成

液压伺服系统的组成如图 7-1 所示。

液压泵将压力油供到伺服阀，给定位置指令值与位置传感器的实测值之差经过放大器放大后送到伺服阀。当信号输入伺服阀时，压力油被供到驱动器并驱动载荷。当反馈信号与输入指令值相同时，驱动器便停止工作。伺服阀在液压伺服系统中是不可缺少的一部分，它利用电信号实现液压系统的能量控制。在响应快、载荷大的伺服系统中往往采用液压驱动器。

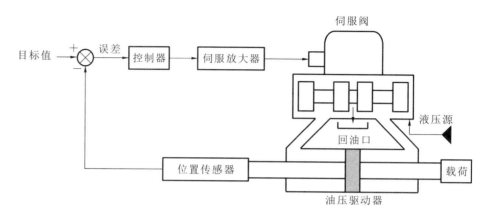

图 7-1 液压伺服系统的组成

2. 液压伺服系统的特点

液压伺服系统的特点如下。

(1) 在液压伺服系统的输入和输出之间存在反馈连接,从而组成了闭环控制系统。反馈介质可以是机械的、电气的、气动的、液压的或它们的组合形式。

系统的主反馈是负反馈,即反馈信号与输入信号相反,用二者比较得到的偏差信号来控制液压源,以控制输入液压元件的流量,使其向减小偏差的方向移动,即以偏差来减小偏差。

(3) 系统输入信号的功率很小,但系统的输出功率可以很大,因此它是一个功率放大装置,功率放大所需的能量由液压源提供。液压源提供能量的大小是根据伺服系统偏差大小自动进行控制的。

3. 电液伺服系统

电液伺服系统通过电气传动方式,用电气信号输入系统来操作有关的液压驱动元件动作,控制液压执行元件,使其跟随输入信号而动作。在这类伺服系统中,电、液两部分都采用电液伺服阀作为转换元件,如图 7-2 所示。

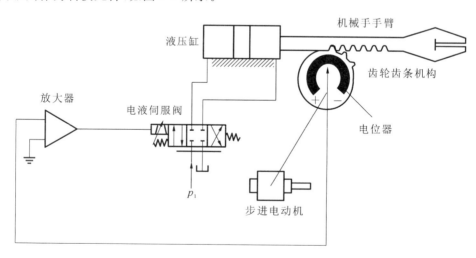

图 7-2 机械手手臂伸缩运动的电液伺服系统

如图 7-3 所示,当系统装置发出一定数量的脉冲时,步进电动机就会带动电位器的动触头转动。例如电位器顺时针转过一定的角度 β,这时电位器输出电压为 u,经放大器放大后输出电流 i,使电液伺服阀产生一定的开口量。这时,电液伺服阀处于左位,压力油进入液压缸左腔,活塞杆右移,带动机械手手臂右移,液压缸右侧的油液经电液伺服阀返回油箱。此时,机械手手臂上的齿条带动齿轮也顺时针移动,当其转动角度 α＝β 时,动触头回到电位器的中位,电位器输出电压为零,相应放大器输出电流为零,电液伺服阀回到中位,液压油路被锁,手臂即停止运动。当系统装置发出反向脉冲时,步进电动机逆时针方向旋转,与前述过程相反,机械手手臂就会缩回。

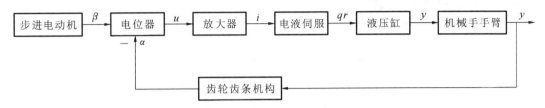

图 7-3　机械手手臂伸缩运动的伺服系统组成

1) 电液伺服阀

电液伺服阀通常由电气机械转换装置、液压放大器和反馈（平衡）机构三部分组成。电气机械转换装置用来将输入的电信号转换为转角或直线位移输出,输出转角的装置称为力矩马达,输出直线位移的称为力马达。

液压放大器接收小功率的电气机械转换装置输入的转角或直线位移信号,对大功率的压力油进行调节和分配,实现控制功率的转换和放大。反馈（平衡）机构使电液伺服阀输出的流量或压力获得与输入信号成比例的特性。

2) 电液比例控制

电液比例控制是介于普通液压阀的开关控制和电液伺服控制之间的控制方式。它能实现液流压力和流量连续地、按比例跟随控制信号而变化。因此,它的控制性能优于开关控制,与电液伺服控制相比,其控制精度和相应速度较低。电液比例控制的核心元件是电液比例阀,简称比例阀。

图 7-4 所示为一电液比例压力阀的结构示意图。它由压力阀 1 和力马达 2 两部分组成,当力马达的线圈通入电流 I 时,推杆 3 通过钢球 4、弹簧 5 把电磁推力传给锥阀 6,推力的大小与电流 I 成正比。当阀的进油口 P 处的压力油作用在锥阀上时,油液通过阀口由出油口排出。这个阀的阀口开度是不影响电磁推力的,但当通过阀口的流量变化时,由于阀座上的小孔 d 处压差的改变以及稳态液动力的变化等,被控制的油液压力依然有一些改变。

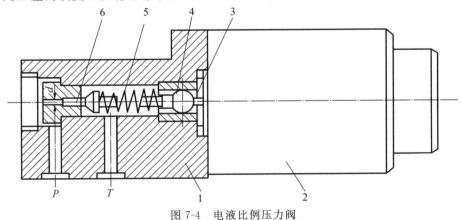

图 7-4　电液比例压力阀
1—压力阀；2—力马达；3—推杆；4—钢球；5—弹簧；6—锥阀

3）电液比例换向阀

电液比例换向阀一般由电液比例减压阀和液动换向阀组合而成，前者作为先导级以其出口压力来控制液动换向阀的正反向开口量的大小，从而控制液流方向和流量的大小。

1.3 液压驱动系统的主要设备

1. 液压缸

液压缸是将液压能转变为机械能的、做直线往复运动或摆动运动的液压执行元件。它结构简单，工作可靠。用液压缸来实现往复运动时，可免去减速装置，且没有传动间隙，运动平稳，因此在各种机械的液压系统中得到广泛应用。

1）直线液压缸

用电磁阀控制的直线液压缸是最简单和最便宜的开环液压驱动装置。在直线液压缸的操作中，可以通过受控节流口调节流量，在机械部件到达运动终点时实现减速，使停止过程得到控制。直线液压缸控制回路如图7-5所示。

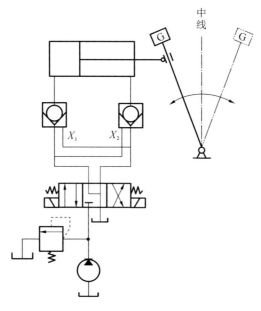

图 7-5　直线液压缸控制回路

2）旋转液压电动机

液压电动机又称为旋转液压电动机，是液压系统的旋转式执行元件，如图7-6所示。

旋转液压电动机的壳体用铝合金制成，而转子则采用钢制的，在电液阀的控制下，液压油进入并作用在叶片上（叶片固定在转子上），使得转子转动，通过一对由消隙齿轮带动的电位器和一个解算器给出转子的位置信息。

无论是直线液压缸或旋转液压电动机，它们的工作原理都是基于高压油对活塞或叶片的作用。液压油经控制阀被送到液压缸的一端，在开环系统中，阀是由电磁铁控制的；在闭环系统中，阀则是用电液伺服阀来控制的。

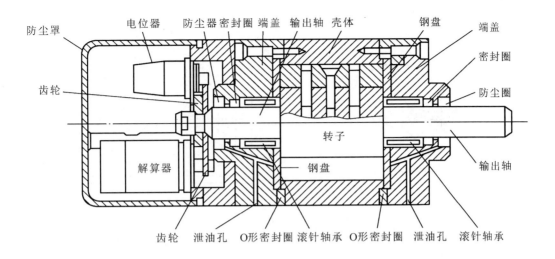

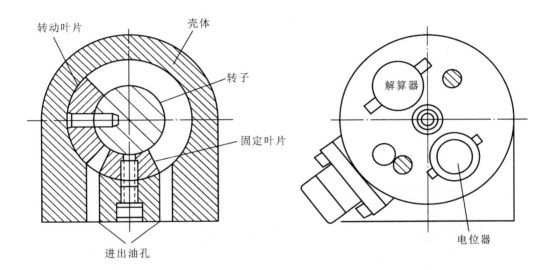

图 7-6 旋转液压电动机

3) 摆动缸

摆动式液压缸也称为摆动液压马达。当它通入压力油时,它的主轴能输出小于 360°的摆动运动,常用于夹具夹紧装置、送料装置、转位装置以及需要周期性进给的系统中。图 7-7 (a)所示为单叶式摆动缸,它的摆动角度较大,可达 300°。当摆动缸进出油口压力为 P_1 与 P_2,输入流量为 q 时,它的输出转矩 T 和角速度 ω 为

$$T = b\int_{R_1}^{R_2}(P_1 - P_2)rdr = \frac{b}{2}(R_2^2 - R_1^2)(P_1 - P_2) \tag{7-1}$$

$$\omega = 2\pi n = \frac{2q}{b}(R_2^2 - R_1^2) \tag{7-2}$$

式中 b 是叶片宽度,R_1、R_2 分别为叶片底部和顶部的回转半径。

图 7-7(b)所示为双叶片式摆动缸,它的摆动角度较小,可达 150°,它的输出转矩是单叶片式的两倍,而角速度则是单叶片式的一半。

4) 齿轮齿条液压缸

齿轮齿条液压缸的结构形式很多,图 7-8 所示的是一种用于驱动回转工作台回转的齿

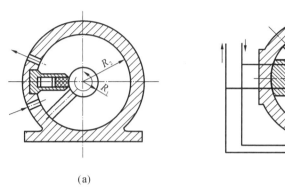

(a)　　　　　　　　　　　(b)

图 7-7　摆动缸

条传动液压缸。图中两个活塞 4、7 用螺钉固定在齿条 5 的两端,两端盖 2 和 8 通过螺钉、压板和半圆环 3 连接在缸筒上。当压力油从油口 A 进入缸的左腔时,推动齿条活塞向右运动,再通过齿轮 6 带动回转工作台运动。液压缸右腔的回油经油口 B 排出。当压力油从油口 B 进入右腔时,齿条活塞向左移动,齿轮 6 反方向回转,左腔的回油经油口 A 排出。活塞的行程可由两端盖上的螺钉 1、9 调节,端盖 2 和 8 上的沉孔和活塞 4 上两端的凸头组成间隙式缓冲装置。

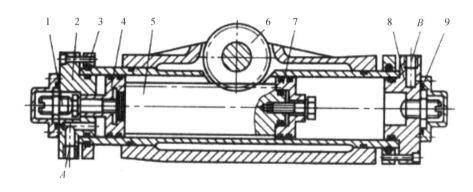

图 7-8　齿轮齿条液压缸

1、9—螺钉;2、8—端盖;3—半圆环;4、7—活塞;5—齿条;6—齿轮

2. 液压伺服马达

控制用的阀和驱动用的液压缸或液压马达组合起来形成液压伺服马达。液压伺服马达也可以看作是把阀的输入位移转换成压力差并高效率地驱动载荷的驱动器。图 7-9 所示为滑阀伺服马达的原理。伺服马达有阀套和在阀套内沿轴线移动的阀芯,靠阀套上的五个口和阀肩的三个凸肩可实现驱动中部的供油口与有一定压力的液压源连接,两侧的两个口连接油箱,两个载荷口则与驱动器相连。当供油口处于关闭状态,阀芯向右移动($x>0$)时,供油压力为 p_s。液压油经过节流口从左通道流到驱动器活塞左侧并以压力 p_1 使载荷向右($y>0$)移动。相反,阀芯向左移动($x<0$)时,压力为 p_2 的液压油供到活塞右侧,使载荷向左移动($y<0$)。

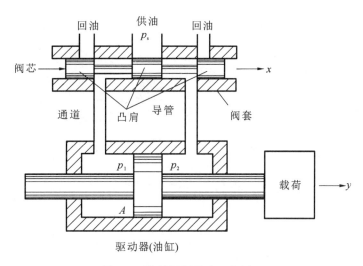

图 7-9　滑阀伺服马达工作原理

1.4　驱动方式分类

1. 直线驱动方式

直线驱动直接由气缸或液压缸和活塞产生,也可用滚珠丝杠螺母、齿轮齿条等。

2. 旋转驱动方式

（1）普通电动机和伺服电动机能够直接产生旋转运动,但是,输出力矩小、转速高。也可以采用直线液压缸或直线气缸驱动,此时需要将直线运动转换成旋转运动。

（2）运动的传递和转换方法:齿轮传动链传动、同步带传动、谐波齿轮传动、绳传动与钢带传动等。

（3）旋转驱动的优点:旋转轴强度高、摩擦小、可靠性好。

任务 2　工业机器人气压驱动

2.1　气压系统简介

气压驱动回路主要由气源装置、执行元件、控制元件及辅助元件四部分组成,如图 7-10 所示。

气压驱动控制原理如图 7-11 所示,气压驱动装置由放大器、电动部件及变速器、位移（或转角）气压变换器和气电变换器等组成,放大器把输入的控制信号放大后去推动电动部件及变速器,电动部件及变速器把电能转化为机械能,产生线位移或角位移,最后通过位移气压变换器产生与控制信号相对应的气压值,气电变换器把输出的气压变成电量用作显示或反馈。

由于气动装置的工作压强低,和液压系统相比,功率-重量比都低得多,而空气在负载作用下会压缩和变形,控制气缸的精确位置很难,因此气动装置通常仅用于插入操作或 1～2 个自由度关节上,气压驱动系统适于搬运较轻的物体和高速移动,不适于确定高精度位置。

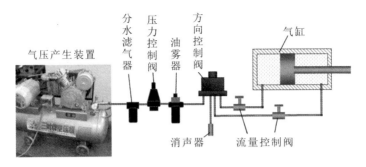

图 7-10 气压驱动回路

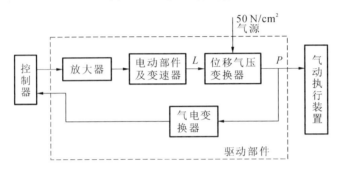

图 7-11 气压驱动控制原理图

气压驱动多用于开关控制和顺序控制的机器人中,使用的压力通常在 0.4~0.6 MPa,最高可达 1 MPa。

气压驱动有如下优点:

(1) 以空气为工作介质,不仅易于取得,而且用后可直接排入大气,处理方便,也不污染环境。

(2) 因空气的黏度很小(约为油的万分之一),在管道中流动时能量损失很小,因而便于集中供气和远距离输送,气动动作迅速,调节方便,维护简单,不存在介质变质及补充等问题。

(3) 工作环境适应性好,无论在易燃、易爆、多尘埃、强磁、辐射、振动等恶劣环境中,还是在食品加工、轻工、纺织、印刷、精密检测等高净化、无污染场合,都具有良好的适应性,且工作安全可靠,过载时能自动保护。

(4) 气动元件结构简单、成本低、寿命长,易于实现标准化、系列化和通用化。

气压驱动有如下缺点:

(1) 由于空气具有较大的可压缩性,因而运动平稳性较差。

(2) 因工作压力低(一般为 0.3~1 MPa),不易获得较大的输出力或力矩。

(3) 有较大的排气噪声。

(4) 由于湿空气在一定的温度和压力条件下能在气动系统的局部管道和气动元件中凝结成水滴,促使气动管道和气动元件腐蚀和生锈,从而导致气动系统工作失灵。

气压系统不同于液压系统,一般每一个液压系统都自带液压源(液压泵);而在气压系统中,一般来说由空气压缩机先将空气压缩,储存在贮气罐内,然后经管路输送给各个气动装置使用。贮气罐的空气压力往往比各台设备实际所需要的压力高些,同时其压力波动值也较大。因此,需要用减压阀(调压阀)将其压力减到每台装置所需的压力,并使减压后的压力稳定在所需压力值上。

2.2 气动执行元件

1. 气缸

气缸是气动系统的执行元件之一。除几种特殊气缸外,普通气缸的种类及结构形式与液压缸基本相同。目前最常用的是标准气缸,其结构和参数都已系列化、标准化和通用化。标准气缸通常有无缓冲普通气缸和有缓冲普通气缸等。较为典型的特殊气缸有气液阻尼缸、薄膜式气缸和冲击式气缸等。

1)气液阻尼缸

普通气缸工作时,由于气体有压缩性,当外部载荷变化较大时,会产生"爬行"或"自走"现象,使气缸的工作不稳定。为了使气缸运动平稳,普遍采用气液阻尼缸。

气液阻尼缸中一般将双活塞杆缸作为液压缸。因为这样可使液压缸两腔的排油量相等,此时油箱内的油液只用来补充因液压缸泄漏而减少的油量,一般用油杯就可以了。

2)薄膜式气缸

薄膜式气缸是一种利用压缩空气通过膜片推动活塞杆做往复直线运动的气缸。它由缸体、膜片、膜盘和活塞杆等主要零件组成。其功能类似于活塞式气缸,它分单作用式和双作用式两种,如图7-12所示。薄膜式气缸的膜片可以做成盘形膜片和平膜片两种形式。膜片材料为夹织物橡胶、钢片或磷青铜片,常用的是夹织物橡胶,橡胶的厚度为5~6 mm,有时也可为1~3 mm。金属式膜片只用在行程较小的薄膜式气缸中。

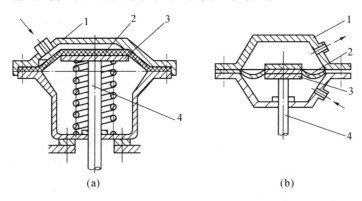

图7-12 薄膜式气缸的结构简图
(a)单作用式 (b)双作用式
1—缸体;2—膜片;3—膜盘;4—活塞杆

3)冲击式气缸

冲击式气缸是一种体积小、结构简单、易于制造、耗气功率小但能产生相当大的冲击力的特殊气缸。与普通气缸相比,冲击式气缸在结构上增加了一个具有一定容积的蓄能腔和喷嘴。

冲击式气缸的整个工作过程可简单地分为以下三个阶段。

第一阶段:压缩空气由孔 A 输入冲击缸的下腔,蓄气缸经孔 B 排气,活塞上升并用密封垫封住喷嘴,中盖和活塞间的环形空间经排气孔与大气相通,如图7-13(a)所示。

第二阶段:压缩空气改由孔 B 进气,压缩空气进入蓄气缸中,冲击缸下腔经孔 A 排气。由于活塞上端气压作用在面积较小的喷嘴上,而活塞下端受力面积较大(一般设计成喷嘴面

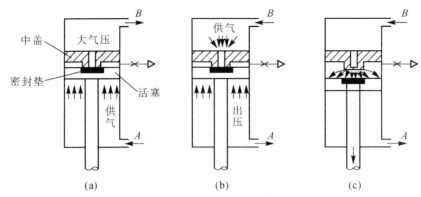

图 7-13 冲击式气缸的工作原理

积的 9 倍),冲击缸下腔的压力虽因排气而下降,但此时活塞下端向上的作用力仍然大于活塞上端向下的作用力,如图 7-13(b)所示。

第三阶段:蓄气缸的压力继续增大,冲击缸下腔压力继续减小,当蓄气缸的压力高于下腔压力时(9 倍),活塞开始向下移动。活塞一旦离开喷嘴,蓄气缸内的高压气体迅速充入活塞与中盖之间的空间,使得活塞上端受力面积突然增加 9 倍,于是活塞将以极大的加速度向下运动,气体的压力能转换成活塞的动能,如图 7-13(c)所示。

2. 气动电动机

气动电动机也是气动执行元件的一种。它的作用相当于电动机或液压电动机,即输出转矩,拖动机构做旋转运动。气动电动机是以压缩空气为工作介质的原动机,如图 7-14 所示。

气动电动机按结构形式分为叶片式、活塞式和齿轮式气动电动机,最常见的是叶片式和活塞式气动电动机。叶片式气动电动机制造简单、结构紧凑,但低速运动转矩小,低速性能不好,适用于中低功率的机械。活塞式气动电动机则适用于大功率低速转矩的机械。

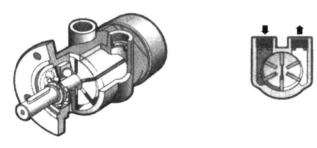

图 7-14 气动电动机

2.3 气动逻辑控制回路

在生产过程中,经常遇到这样的问题:需要各执行机构按一定的顺序进、退或者开、关。从逻辑关系上看,"进和退""开和关""是和非""有和无"都是表示两个对立的状态。这两个对立的状态可以用两个数字符号"1"和"0"来表示。

通常,"1"表示"进、开、有、是","0"表示"退、关、无、非"。一个复杂的控制线路就是保证各执行机构按一定规律处于"1"或"0"的状态。

1. 逻辑"或"和逻辑"与"的恒等式

逻辑"或"是指两个或两个以上的逻辑信号相加,逻辑"与"是指两个或两个以上的逻辑信号相乘。它们的运算规律如表 7-2 所示。

表 7-2 逻辑"或"和逻辑"与"的恒等式

逻辑"或"	逻辑"与"
$A+0=A; A+1=1; A+A=A$	$A \cdot 0=0; A \cdot 1=A; A \cdot A=A$

2. 逻辑"非"

逻辑"非"有如下运算规律:

$\bar{0}=1; \bar{1}=0; \bar{\bar{A}}=A; A+\bar{A}=1; A \cdot \bar{A}=0$。

3. 结合律、交换律、分配律

结合律、交换律、分配律等运算规律和普通代数运算规律相同,如表 7-3 所示。

表 7-3 运算规律

结 合 律	交 换 律	分 配 律
$A+(B+C)=(A+B)+C$ $A(BC)=(AB)C$	$A+B=B+A$ $AB=BA$	$A(B+C)=AB+AC$ $(A+B)(C+D)=AC+AD+BC+BD$

4. 形式定理

形式定理也是逻辑运算中常用的恒等式。采用这些定理可以化简逻辑函数值,各个定理可利用上面的基本运算规律来证明。逻辑运算的形式定理如表 7-4 所示。

表 7-4 逻辑运算的形式定理

序号	公 式	序号	公 式
1	$A+AB=A$	4	$A(A+B)=A$
2	$A+\bar{A}B=A+B$	5	$A(\bar{A}+B)=AB$
3	$AB+\bar{A}C+BC=AB+\bar{A}C$	6	$(A+B)(\bar{A}+C)(B+C)=(A+B)(\bar{A}+C)$

2.4 气动逻辑元件

1. 气动逻辑元件的特点

气动逻辑元件是通过元件内部的可动部件的动作改变气流方向来实现一定逻辑功能的。按结构形式可分高压截止式逻辑元件、膜片式逻辑元件、滑阀式逻辑元件和射流元件。

气动逻辑元件的特点:

(1) 元件流道孔道较大,抗污染能力较强(射流元件除外)。

(2) 元件无功耗气量低。

(3) 带负载能力强。

(4) 连接、匹配方便简单,调试容易,抗恶劣工作环境能力强。

(5) 运算速度较慢,在强烈冲击和振动条件下,可能出现误动作。

2. 气动逻辑元件的分类

气动逻辑元件的种类很多,可根据不同特性进行分类。

1) 按工作压力分类

(1) 高压型工作压力 0.2~0.8 MPa。

(2) 低压型工作压力 0.05~0.2 MPa。

(3) 微压型工作压力 0.005～0.05 MPa。

2) 按结构形式分类

元件的结构由开关部分和控制部分组成。开关部分在控制气压信号作用下来回动作，改变气流通路，完成逻辑功能。根据组成原理，气动逻辑元件的结构形式可分为三类：

(1) 截止式。气路的通断依靠可动件的端面（平面或锥面）与气嘴构成的气口的开启或关闭来实现。

(2) 滑柱式（滑块型）。依靠滑柱（或滑块）的移动，实现气口的开启或关闭。

(3) 膜片式。气路的通断依靠弹性膜片的变形控制气口的开启或关闭来实现。

3) 按逻辑功能分类

对二进制逻辑功能的元件，可按逻辑功能的性质分为两大类：

(1) 单功能元件：每个元件只具备一种逻辑功能，如或、非、与、双稳等。

(2) 多功能元件：每个元件具有多种逻辑功能，各种逻辑功能由不同的连接方式获得。如三膜片多功能气动逻辑元件等。

3. 高压截止式逻辑元件

高压截止式逻辑元件是依靠控制气压信号或通过膜片的变形来推动阀芯动作，改变气流的流动方向以实现一定逻辑功能的逻辑元件。气压逻辑系统中广泛采用高压截止式逻辑元件。它具有行程小、流量大、工作压力高、对气源压力净化要求低等特点，便于实现集成安装和集中控制等，其拆卸也方便。

1) 或门元件

图 7-15 所示为或门元件的结构原理。A、B 为元件的信号输入口，S 为信号的输出口。气流的流通关系是：A、B 口任意一个有信号或同时有信号，则 S 口有信号输出。

元件的逻辑关系式为

$$S = A + B \tag{7-3}$$

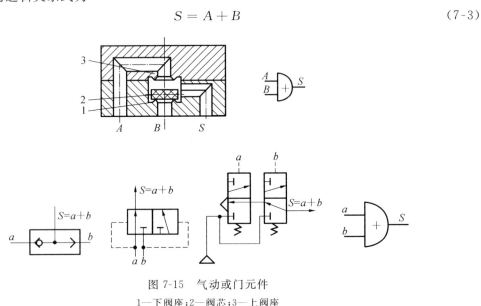

图 7-15　气动或门元件
1—下阀座；2—阀芯；3—上阀座

2) 是门和与门元件

图 7-16 所示为是门和与门元件的结构原理。在 A 口接信号，S 为输出口，中间孔接气源 P 的情况下，元件为是门。在 A 口没有信号的情况下，由于弹簧力的作用，阀口处在关闭

状态;当 A 口接入控制信号后,气流的压力作用在膜片上,压下阀芯导通 P、S 通道,S 有输出。指示活塞 8 可以显示 S 有无输出;手动按钮 7 用于手动发讯。

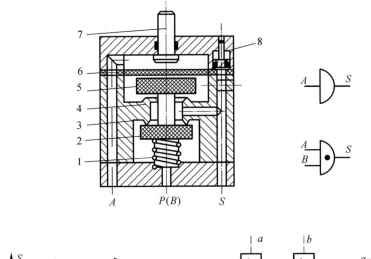

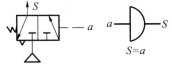

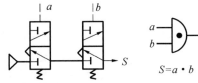

图 7-16 是门和与门元件

1—弹簧;2—下密封阀芯;3—下截止阀座;4—上截止阀座;5—上密封阀芯;6—膜片;7—手动按钮;8—指示活塞

元件的逻辑关系式为

$$S = A \tag{7-4}$$

若中间孔不接气源 P 而接信号 B,则元件为与门。也就是说,只有 A、B 同时有信号时 S 口才有输出。

元件的逻辑关系式为

$$S = A \cdot B \tag{7-5}$$

3) 非门和禁门元件

非门和禁门元件的结构原理如图 7-17 所示,在 P 口接气源,A 口接信号,S 为输出口的情况下元件为非门。在 A 口没有信号的情况下,气源压力将阀芯推离截止阀座 1,S 有信号输出;当 A 口有信号时,信号压力通过膜片把阀芯压在截止阀座 1 上,关断 P、S 通路,这时 S 没有信号。

元件的逻辑关系式为

$$S = \overline{A} \tag{7-6}$$

在 A 口无信号而 B 口有信号时,S 有输出,A 信号对 B 信号起禁止作用。

元件的逻辑关系式为

$$S = \overline{A} \cdot B \tag{7-7}$$

4) 或非元件

如图 7-18 所示,或非元件是在非门元件的基础上增加了两个输入端,即具有 A、B、C 三个信号输入端。在三个输入端都没有信号时,P、S 导通,S 有输出信号。当存在任何一个输入信号时,元件都没有输出。

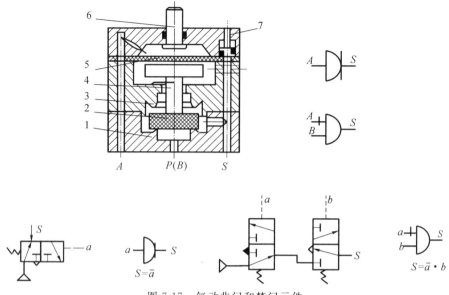

图 7-17 气动非门和禁门元件

1—下截止阀座；2—密封阀芯；3—上截止阀座；4—阀芯；5—膜片；6—手动按钮；7—指示活塞

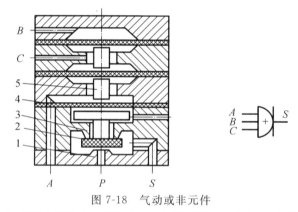

图 7-18 气动或非元件

1—下截止阀座；2—密封阀芯；3—上截止阀座；4—膜片；5—阀柱

元件的逻辑关系式为

$$S = \overline{(A+B+C)} \tag{7-8}$$

或非元件是一种多功能逻辑元件，可以实现是门、或门、与门、非门或记忆等逻辑功能。

5）双稳元件

双稳元件属于记忆型元件，在逻辑线路中具有重要的作用。图 7-19 所示为双稳元件的工作原理。

当 A 有信号输入时，阀芯移动到右端极限位置，由于滑块的分隔作用，P 口的压缩空气通过 S_1 输出，S_2 与排气口 T 相通；在 A 信号消失 B 信号到来前，阀芯保持在右端位置，S_1 总有输出；当 B 有信号输入时，阀芯移动到左端极限位置，P 口的压缩空气通过 S_2 输出，S_1 与排气口 T 相通；在 B 信号消失 A 信号到来前，阀芯保持在左端位置，S_2 总有输出。这里，两个输入信号不能同时存在。

元件的逻辑关系式为

$$\begin{cases} S_1 = KAB \\ S_2 = KBA \end{cases} \tag{7-9}$$

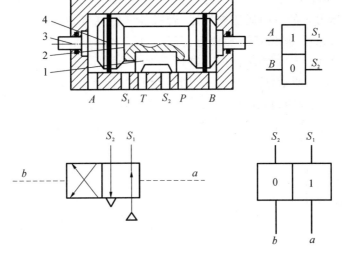

图 7-19 双稳元件的工作原理
1—滑块；2—阀芯；3—手动按钮；4—密封圈

4. 高压膜片式逻辑元件

高压膜片式逻辑元件是利用膜片式阀芯的变形来实现其逻辑功能的。最基本的单元是三门元件和四门元件。

1）三门元件

图 7-20 所示为三门元件的工作原理。三门元件由上、下气室及膜片组成，下气室有输入口 A 和输出口 S，上气室有一个输入口 B，膜片将上、下两个气室隔开。因为元件共有三个口，所以称为三门元件。A 口接气源（输入），S 口为输出口，B 口接控制信号。若 B 口无控制信号，则 A 口输入的气流顶开膜片从 S 口输出，如图 7-20(b)所示；如 S 口接大气，若 A 口和 B 口输入相等的压力，由于膜片两边作用面积不同，受力不等，S 口通道被封闭，A、S 气路不通，如图 7-20(c)所示。若 S 口封闭，A、B 通入相等的压力信号，膜片受力平衡，无输出，如图 7-20(d)所示。但在 S 口接负载时，三门的关断是有条件的，即 S 口降压或 B 口升压才能保证可靠的关断。利用这个压力差作用的原理，关闭或开启元件的通道，可组成各种逻辑元件。其图形符号如图 7-20(e)所示。

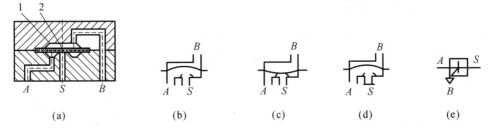

图 7-20 三门元件的工作原理
1—截止阀口；2—膜片

2）四门元件

四门元件的工作原理如图 7-21 所示。膜片将元件分成上、下两个气室，下气室有输入口 A 和输出口 B，上气室有输入口 C 和输出口 D，因为共有四个口，所以称之为四门元件，如图 7-21(a)所示。

四门元件是一个压力比较元件。就是说膜片两侧都有压力且压力不相等时,压力小的一侧通道被断开,压力大的一侧通道被导通;若膜片两侧气压相等,则要看哪一通道的气流先到达气室,先到者通过,迟到者不能通过。当 A、C 口同时接气源,B 口通大气,D 口封闭时,则 D 口有气无流量,B 口关闭无输出,如图 7-21(b)所示;此时若封闭 B 口,情况与上述状态相同,如图 7-21(c)所示;此时放开 D,则 C 至 D 气体流动,放空,下气室压力很小,上气室气体由 A 输入,为气源压力,膜片下移,关闭 D 口,则 D 无气,B 有气但无流量,如图 7-21(d)所示;同理,此时再将 D 封闭,元件仍保持这一状态,如图 7-21(e)所示。

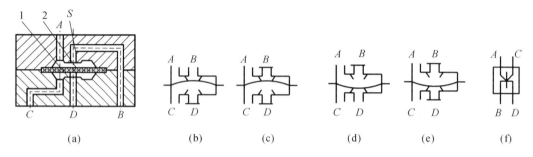

图 7-21 四门元件的工作原理

根据上述三门和四门这两个基本元件,就可构成逻辑回路中常用的或门、与门、非门、记忆元件等。

5. 逻辑元件的选用

气动逻辑控制系统所用气源的压力变化必须保障逻辑元件正常工作需要的气压范围和输出端切换时所需的切换压力,逻辑元件的输出流量和响应时间等在设计系统时可根据系统要求参照有关资料选取。

无论采用截止式或膜片式高压逻辑元件,都要尽量将元件集中布置,以便于集中管理。

由于信号的传输有一定的延时,信号的发出点(例如行程开关)与接收点(例如元件)之间不能相距太远。一般说来,最好不要超过几十米。当逻辑元件要相互串联时一定要有足够的流量,否则可能无力推动下一级元件。

另外,尽管高压逻辑元件对气源过滤要求不高,但最好使用过滤后的气源,一定不要使加入油雾的气源进入逻辑元件。

2.5 气动技术的应用

随着工业机械化和自动化的发展,气动技术越来越广泛地应用于各个领域里。特别是成本低廉结构简单的气动自动装置已得到了广泛的普及与应用,在工业企业自动化中位于重要的地位。

气动技术应用的最典型的代表是工业机器人。它可以代替人类的手腕、手以及手指正确并迅速地做抓取或放开等细微的动作。除了工业生产上的应用之外,游乐场的过山车上的刹车装置,机械制作的动物表演以及人形报时钟的内部,均采用了气动技术实现细小的动作。

1. 带有自保回路的气动控制回路

图 7-22 所示为两个手动二位二通阀分别控制气缸运动的两个方向,如果将手动阀 1 按下,则二位五通阀上腔进气切换,气缸左腔进气,右腔排气,同时自保持回路 abc 也从阀的上腔进气,以防止中途手动阀 1 失灵,造成误动作。手动阀 1 复位,手动阀 2 按下,主控阀复位,气缸缩回,开始下一循环。

项目7 工业机器人驱动系统

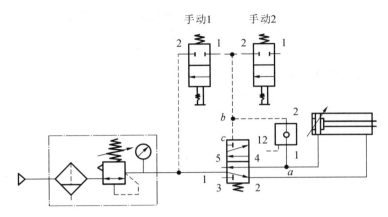

图 7-22 有自保回路的气动控制回路

2. 任意位置停止回路

图 7-23 所示为用于起重机上的任意位置停止回路,调节减压阀的压力使之与负载平衡。物体的提升和下降由手动换向阀实现。先导气控三位四通阀用于在气缸空气泄漏和活塞移动时供气和排气。另外,溢流阀是为使气缸出力与机构总重量平衡而设置的。节流阀用于在无负载时保证三位四通阀处于中位状态而向三位四通阀右端提供一定的压缩空气(防止因空气泄漏而引起的控制压力降低)。

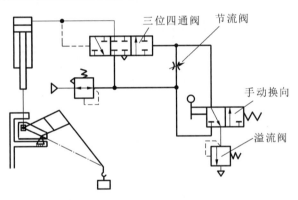

图 7-23 任意位置停止回路

任务3 工业机器人电动驱动

电动驱动具有无环境污染、易于控制、运动精度高、成本低、驱动效率高等优点。

3.1 电动驱动系统

1. 电动驱动系统的组成

电动驱动系统的主要组成部分有位置比较控制器、速度比较控制器、信号和功率放大器、驱动电动机、减速器,以及构成闭环伺服驱动系统不可缺少的位置和速度检测、反馈部分,对于采用步进电动机的驱动系统,则没有反馈环节,构成的是开环系统。

工业机器人驱动电动机功率的选择要考虑两方面的因素:一是在最高速度、最大负荷条件下所需的动力,二是在规定时间内能使负荷加、减速至规定值所需的动力。通常更多的是根据后者来选定。

2. 机器人对关节驱动电动机的主要要求

(1) 快速性。电动机从获得指令信号到完成指令所要求的时间应短。响应指令信号的时间愈短,电伺服系统的灵敏性愈高,快速响应性能愈好。一般是以伺服电动机的机电时间常数的大小来说明伺服电动机快速响应的性能。

(2) 启动转矩惯量比大。在驱动负载的情况下,要求机器人的伺服电动机的启动转矩大,转动惯量小。

(3) 控制特性的连续性和直线性。随着控制信号的变化,电动机的转速应能连续变化,有时还需转速与控制信号成正比或近似成正比。

(4) 调速范围宽,能使用于1∶1000~1∶10000的调速范围。

(5) 体积小、质量小、轴向尺寸短。

(6) 能经受苛刻的运行条件,可十分频繁地进行正反向和加减速运行,并能在短时间内承受过载。

目前,由于高启动转矩、大转矩、低惯量的交、直流伺服电动机在工业机器人中得到广泛应用,一般负载1000 N以下的工业机器人大多采用电伺服驱动系统。所采用的关节驱动电动机主要是AC伺服电动机、步进电动机和DC伺服电动机。其中,交流伺服电动机、直流伺服电动机、直接驱动电动机(DD)均采用位置闭环控制,一般应用于高精度、高速度的机器人驱动系统中。步进电动机驱动系统多适用于对精度、速度要求不高的小型简易机器人开环系统中。交流伺服电动机由于采用电子换向,无换向火花,在易燃易爆环境中得到了广泛的使用。机器人关节驱动电动机的功率范围一般为0.1~10 kW。

3. 驱动电动机的分类

电气驱动大致可分为普通电动机驱动、步进电动机驱动和直线电动机驱动三类。

1) 普通电动机驱动的特点

普通电动机包括交流电动机、直流电动机及伺服电动机。交流电动机一般不能进行调速或难以进行无级调速,即使是多速电动机,也只能进行有限的有级调速。直流电动机能够实现无级调速,但直流电源价格较高,因而限制了它在大功率机器人上的应用。

2) 步进电动机驱动的特点

步进电动机驱动的速度和位移大小,可由电气控制系统发出的脉冲数加以控制。由于步进电动机的位移量与脉冲数严格成正比,故步进电动机驱动可以达到较高的重复定位精度,但是步进电动机速度不能太高,控制系统也比较复杂。

3) 直线电动机驱动的特点

直线电动机结构简单、成本低,其动作速度与行程主要取决于其定子与转子的长度,反接制动时,定位精度较低,必须增设缓冲及定位机构。

4. 常用的减速机构

工业机器人专用减速器作为重要的机械传动部件具有体积小、重量轻、传动效率高等特点,主要有RV减速机构、谐波减速机构、摆线针轮减速机构、行星齿轮减速机构等。

工业机器人电动机驱动原理如图7-24所示。

工业机器人电伺服系统的一般结构为三个闭环控制,即电流环、速度环和位置环。

目前国外许多电动机生产厂家均开发出与交流伺服电动机相适配的驱动产品,用户可

项目 7　工业机器人驱动系统

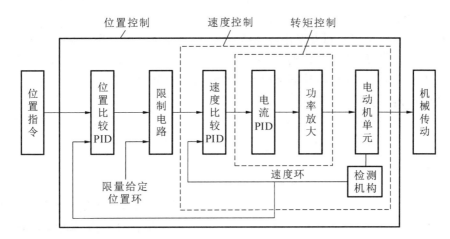

图 7-24　工业机器人电动机驱动原理

根据自己所需功能侧重不同而选择不同的伺服控制方式。一般情况下,交流伺服驱动器可通过对其内部功能参数进行人工设定而实现位置、速度、转矩等控制功能。

3.2　电驱动的控制方法

电驱动的控制方法有两种:一种是通过改变电动机的电流来控制机器人手臂的力矩;另一种是通过改变电动机的电压来控制机器人手臂的运动速度。

1. 电流控制手臂的力矩

手臂的输出力矩靠电流控制,而手臂的运动速度会随手臂上所施加的转动惯量变化而改变。当控制电流一定时,手臂的输出力矩不变,因此在运动过程中负载的惯量变大时,手臂运动的速度就减小。当惯量变小时会使运动加速度增加,容易冲击目标。这种控制方法适用于压配和拧紧螺栓等装配工作。另外,该控制方法下机器人手臂在遇到阻碍时不会再增加力矩,只会使手臂的运动减慢,可实现手臂受阻停止,不会破坏阻碍物体。

2. 电压控制手臂的速度

手臂的速度由电压控制,不随转动惯量的变化而改变。当手臂上的受力变化时,其输出力矩会增加或减少,来保持其运动速度不变。因此,该控制方法能够控制手臂以缓慢的速度接近目标。当机器人手臂遇到障碍时会增加输出电流来加大力矩,试图保持运动速度,这时就会破坏阻碍物体,或者机器人的控制电流超负荷使保险丝熔断。

3.3　新型驱动装置

随着机器人技术的发展,出现了利用新工作原理制造的新型的驱动器,如磁致伸缩驱动器、压电驱动器、静电驱动器、形状记忆合金驱动器、超声波驱动器、人工肌肉、光驱动器等。

1. 磁致伸缩驱动器

磁性体的外部一旦加上磁场,则磁性体的外形尺寸发生变化(焦耳效应),这种现象称为磁致伸缩现象。此时,如果磁性体在磁化方向的长度增大,则称为正磁致伸缩;如果磁性体在磁化方向的长度缩小,则称为负磁致伸缩。从外部对磁性体施加压力,则磁性体的磁化状态会发生变化(维拉利效应),这称为逆磁致伸缩现象。利用磁致伸缩特性可制成磁致伸缩驱动器,这种驱动器主要用于微小驱动场合。

2. 压电驱动器

压电材料是一种当它受到力作用时其表面上出现与外力成比例电荷的材料,又称压电陶瓷。反过来,把电场加到压电材料上,则压电材料产生应变,输出力或变位。利用这一特性可以制成压电驱动器,这种驱动器可以达到驱动亚微米级的精度。

3. 静电驱动器

静电驱动器利用电荷间的吸引力和排斥力互相作用来顺序驱动电极而产生平移或旋转的运动。因静电作用属于表面力,它和元件尺寸的二次方成正比,在微小尺寸变化时,能够产生很大的能量。

4. 形状记忆合金驱动器

形状记忆合金是一种特殊的合金,一旦使它记忆了任意形状,即使它变形,当加热到某一适当温度时,它仍会恢复为变形前的形状。已知的形状记忆合金有 Au-Cd、In-Tl、Ni-Ti、Cu-Al-Ni、Cu-Zn-Al 等几十种。

图 7-25 所示为具有相当于肩、肘、臂、腕、指 5 个自由度的微型机器人的结构示意图。手指和手腕靠 SMA(TiNi 合金)线圈的伸缩、肘和肩靠直线状 SMA 丝的伸缩分别实现开闭和屈伸动作。每个元件由微型计算机控制,通过由脉冲宽度控制的电流调节位置和动作速度。由于 SMA 丝很细(0.2 mm),因而动作很快。

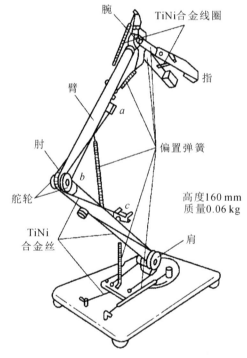

图 7-25 微型机器人的结构

5. 超声波驱动器

超声波电动机(ultrasonic motor,USM)是 20 世纪 80 年代中期发展起来的一种全新概念的新型驱动装置,它利用压电材料的逆压电效应,将电能转换为弹性体的超声振动,并将摩擦传动转换成运动体的回转或直线运动。

所谓超声波驱动器就是利用超声波振动作为驱动力的一种驱动器,由振动部分和移动部分所组成。它是靠振动部分和移动部分之间的摩擦力来驱动的一种驱动器。由于超声波驱动器没有铁心和线圈,结构简单、体积小、质量轻、响应快、力矩大,不需要配合减速装置就可以低速运行,因此,很适合用于机器人、照相机和摄像机等的驱动,如图 7-26 所示。

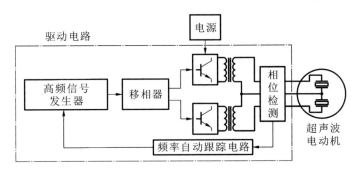

图 7-26　超声波电动机驱动电路图

6. 人工肌肉

随着机器人技术的发展,驱动器从传统的电动机-减速器的机械运动机制,向骨架-腱-肌肉的生物运动机制发展。人的手臂能完成各种柔顺作业,为了实现骨骼肌肉的部分功能而研制的驱动装置称为人工肌肉驱动器。

为了更好地模拟生物体的运动功能和在机器人上应用,已研制出了多种不同类型的人工肌肉,如利用机械化学物质的高分子凝胶、形状记忆合金制作的人工肌肉。

7. 光驱动器

某种强电介质(严密非对称的压电性结晶)受光照射,会产生几千伏的光感应电压。这种现象是压电效应和光致伸缩效应的结果。这是电介质内部存在不纯物,导致结晶严密不对称,从而在光激励过程中引起电荷移动而产生的。利用这种特性制成的驱动器即为光驱动器。

3.4　电动驱动选择

普通交、直流电动机驱动需加减速装置,输出力矩大,但控制性能差,惯性大,适用于中型或重型机器人。伺服电动机和步进电动机输出力矩相对小,控制性能好,可实现速度和位置的精确控制,适用于中小型机器人。

交、直流伺服电动机一般用于闭环控制系统,而步进电动机则主要用于开环控制系统,一般用于速度和位置精度要求不高的场合。功率在 1 kW 以下的机器人多采用电动机驱动。

中小型机器人一般采用普通的直流伺服电动机、交流伺服电动机或步进电动机作为机器人的执行电动机,由于电动机速度较高,输出转矩又大于驱动关节所需要的转矩,因此必须使用带减速器的电动机驱动。但是,间接驱动带来了机械传动中不可避免的误差,引起了冲击振动,从而影响机器人系统的可靠性,并增加了关节重量和尺寸。由于手臂通常采用悬臂梁结构,因而多自由度机器人关节上安装减速器会使手臂根部关节驱动器的负载增大。

3.5　三种驱动方式的比较

工业机器人三种驱动方式的比较如表 7-5 所示。

表 7-5 三种驱动方式的比较

内容	驱动方式		
	液压驱动	气压驱动	电动驱动
输出功率	很大,压力范围50~140 N/cm²	比液压小,压力范围48~60 N/cm²,最大可达100 N/cm²	较大
控制性能	控制精度较高,可无级调速,反应灵敏,可以实现连续轨迹控制	控制精度较低,低速不易控制,难以实现连续轨迹控制	控制精度较高,功率较大,反应灵敏,可以实现高精度高速连续轨迹控制,伺服特性好
响应速度	很高	较高	很高
结构性能及体积	结构适当,执行机构可以标准化,易实现直接驱动,功率-质量比大,结构紧凑,密封问题大	结构适当,执行机构可以标准化,易实现直接驱动,功率-质量比小,结构紧凑,密封问题大	伺服电动机已标准化,结构性能好,噪声小,一般需要配备减速装置,除DD电动机外,难以直接驱动,无密封问题
安全性	以液压油为驱动介质,注意火灾危险	防爆性能好,高于10个大气压,注意系统抗压能力	设备自身无爆炸火灾危险,注意电动机换向时火花引起火灾
对环境影响	有漏油现象	空压机工作和排气时会产生噪声	无
成本	较高	低	较高
维修及使用	方便,但油液对环境温度有要求	方便	复杂

思考与实训

(1) 什么叫液压驱动？液压驱动所用的工作介质是什么？
(2) 液压驱动系统由哪几部分组成？各组成部分的作用是什么？
(3) 气动逻辑元件有哪些特点？
(4) 工业机器人驱动电动机功率的选择要考虑哪些方面的因素？
(5) 工业机器人专用的减速器有哪些？
(6) 工业机器人电动伺服系统的结构一般有哪些？

项目 8　工业机器人离线仿真

学习目标

掌握工业机器人的编程方式。

知识要点

（1）工业机器人在线编程的特点；
（2）工业机器人离线编程的特点；
（3）RobotSdudio 软件的应用特点。

训练项目

（1）RobotSdudio 的安装；
（2）在 RobotSdudio 中构建工作站模型；
（3）在 RobotSdudio 中实现机器人运动控制。

任务 1　工业机器人的编程方式

通常的机器人编程方式有示教编程与离线编程。在编程方式的选择上应根据实际需要进行。

1. 示教编程

示教编程，即操作人员通过示教器，手动控制机器人的关节运动，以使机器人运动到预定的位置，同时将该位置进行记录，并传递到机器人控制器中，之后的机器人可根据指令自动重复该任务。操作人员也可以选择不同的坐标系对机器人进行示教。

示教器是示教编程的必备工具，示教器控制机器人完成相关动作之后，把走过的路径记录下来，然后让机器人重复这条路径，这就是编程。但目前各家机器人的示教器不尽相同，操作不一样，编程指令也不同。如图 8-1 所示为一些工业机器人的示教器外观。

目前，大部分机器人应用仍采用示教编程方式，并且主要集中在搬运、码垛、焊接等领域，特点是轨迹简单，手工示教时，记录的点不太多。

1）示教编程的优点

（1）编程门槛低，简单方便，不需要环境模型。
（2）对实际的机器人进行示教时，可以修正机械结构带来的误差。

2）示教编程的缺点

（1）在线示教编程过程烦琐、效率低。
（2）精度完全由示教者的目测决定，而且对于复杂的路径在线示教编程难以取得令人满意的效果。

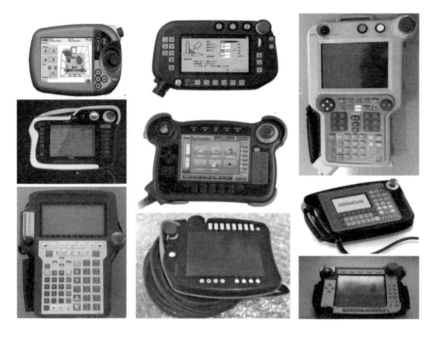

图 8-1 示教器外观

（3）示教器种类太多，学习量太大。
（4）示教过程容易发生事故，轻则撞坏设备，重则撞伤人。
（5）对实际的机器人进行示教时要占用机器人。

2. 离线编程

随着机器人应用领域的扩展，示教编程在有些行业显得力不从心了，于是，离线编程逐渐成为当前较为流行的一种编程方式。离线编程，是通过软件，在计算机里重建整个工作场景的三维虚拟环境，然后软件可以根据要加工零件的大小、形状、材料，同时配合软件操作者的一些操作，自动生成机器人的运动轨迹，即控制指令，然后在软件中仿真与调整轨迹，最后生成机器人程序传输给机器人。离线编程克服了在线示教编程的很多缺点，充分利用了计算机的功能，减少了编写机器人程序所需要的时间成本。目前离线编程广泛应用于打磨、去毛刺、焊接、激光切割、数控加工等机器人新兴应用领域。

如同示教编程离不开示教器一样，离线编程需要依托离线编程软件，如 RobotArt、RobotMaster、RobotWorks、RobotStudio 等，都是离线编程软件中的领航者。

1）离线编程的优点

（1）能够根据虚拟场景中的零件形状，自动生成复杂的加工轨迹。

在打磨、喷涂行业，不像搬运工作那样只需示教几个点，而是需要几十甚至几百个，离线编程在这方面优势十分突出。RobotArt 在这方面做得比较好，功能强大而不显繁杂，有多种生成轨迹的方式。例如"沿着一个面的一条边""曲线特征"等轨迹生成方式，可以应用于不同的场景上。

（2）可以控制大部分主流机器人。

示教编程只针对特定的机器人进行操作，而离线编程在这方面就不受机器人的限制了（主要指第三方离线编程，像 RobotStudio 之类的本体厂商机器人软件只支持自家机器人）。RobotArt、RobotMaster 支持的机器人品牌都比较多，不过，RobotArt 支持在线机器人库，在云端的机器人库是源源不断更新的,不仅支持像 ABB、KUKA 等世界知名的机器人品牌,同时也支持国内的大多数机器人品牌,像广数、新时达等。

(3) 可以进行轨迹仿真、路径优化、后置代码的生成。

这是区别于示教编程的一个显著的优点。轨迹生成后可以在软件中检测机器人走的路径是否正确,并可以对生成的轨迹进行优化,而这些只需要在虚拟环境中操作就可以了。以 RobotArt 为例,在 RobotArt 中一键式生成轨迹后可以进行仿真并对生成的轨迹进行优化,最后只需点击一下后置按钮就可以生成机器人可识别的语言。这些看来复杂难懂的操作在 RobotArt 中只需简单几步就可以完成了。

(4) 可以进行碰撞检测。

因为系统执行过程中发生错误是不可避免的,所以首先要有碰撞检测功能,检测到程序执行过程中出现问题的地方。RobotStudio 在程序仿真的时候,会打开干涉检查功能,对轨迹中的错误做初步检测。生成后置程序的时候,会对后置的机器人数据做最后的检测过滤,如果发现有不符合程序正常运行的数据,会拒绝生成后置代码。这样做的目的是最大限度减少来自程序设计本身的失误。

(5) 生产线不停止的编程。

示教编程另一个让人很头痛的问题,就是面对当前多件小批量的生产方式,对于一个新的零件,总要停下生产线来编程,导致机器人被闲置,造成资源浪费。有了离线编程,在当前生产线还在工作时,编程人员就同时在设计下一批零件的轨迹了,大大提高了生产效率。已经有许多用户采用 RobotStudio 离线编程软件在生产时进行同步编程了。

2) 离线编程的缺点

(1) 对于简单轨迹的生成,离线编程没有示教编程的效率高。例如在搬运、码垛以及点焊上的应用,这些应用只需示教几个点,用示教器很快就可以完成,而对于离线编程来说,还需要搭建模型环境,如果不是出于方案的需要,显然这部分工作的投入与产出不成正比。

(2) 模型误差、工件装配误差、机器人绝对定位误差等都会对离线编程精度有一定的影响,需要采用各种办法来尽量消除这些误差。

从总体上看,离线编程仍处于发展阶段,在一些复杂应用中,有些技术尚待突破。但由于机器人的应用越来越复杂化,从长远上看,离线编程是时代发展的一项重要技术。虽然以 RobotStudio、RobotArt、RobotMaster 为代表的离线编程软件,在工业或是教学上也得到了广泛的应用,但我们认为在现有的功能上可以从以下方面进一步得以发展:

(1) 友好的人机界面,直观的图形显示。这两者对于操作者来说都是非常重要的,人机界面友好、图形显示直观能够让初学者易懂。让学习者有继续学习的欲望首先就是软件设计的一大成功。

(2) 可以对错误进行实时预报,避免不可恢复错误的发生。

(3) 现有的离线编程仿真软件应该提高数模建立的合理性。由于离线编程系统是基于机器人系统的图形模型来模拟机器人在实际工作环境中的工作进行编程的,因此为了能够让编程结果很好地符合实际,系统应能够计算仿真模型和实际模型之间的误差,并尽量减少二者的误差。

3. 编程方式的选择

示教编程与离线编程并不是对立存在的,而是互补存在的,在不同的应用领域,应根据具体情况,选择有助于提高工作效率和工作质量的编程方式。离线编程有时还要辅以示教编程,比如对离线编程生成的关键点做进一步示教,以消除零件加工与定位误差。这是业内常用的一种办法。

机器人离线编程系统正朝着一个智能化、专用化的方向发展,用户操作越来越简单方便,并且能够快速生成控制程序。同时机器人离线编程技术对机器人的推广应用及其工作效率的提升有着重要的意义。简单来说,如果没有离线编程,也许机器人还只能干搬运、码垛这些"粗活",永远无法成为打磨、喷涂、雕刻行业的新生代"工匠"。

任务 2　工业机器人工作站系统模型构建

1. 布局机器人工作站

(1) 打开 RobotStudio 软件。计算机系统为 64 位的打开有 64 位系统标志的图标,系统为 32 位的打开没有 64 位系统标志的图标,如图 8-2 所示。

(2) 新建工作站,如图 8-3 所示。

图 8-2　打开 RobotStudio

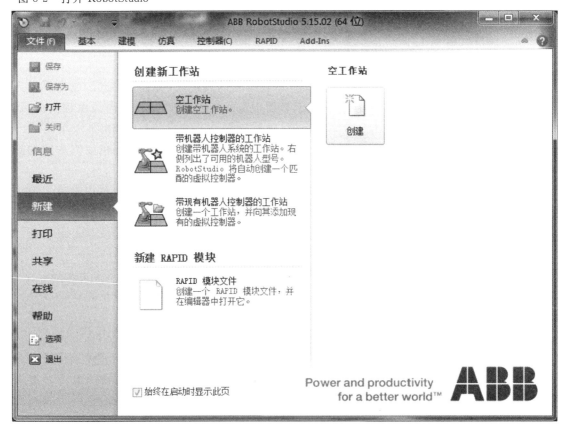

图 8-3　创建新工作站

(3) 添加 ABB 机器人。向创建的工作站中添加 IRB1410 型机器人,如图 8-4 所示。

(4) 添加机器人工具。按图 8-5 中所示步骤为机器人添加焊枪工具。

项目 8　工业机器人离线仿真

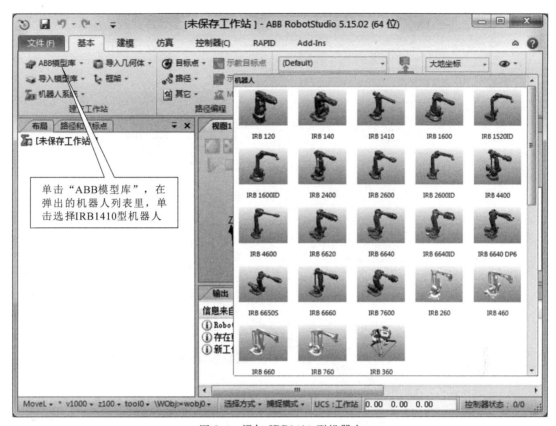

图 8-4　添加 IRB1410 型机器人

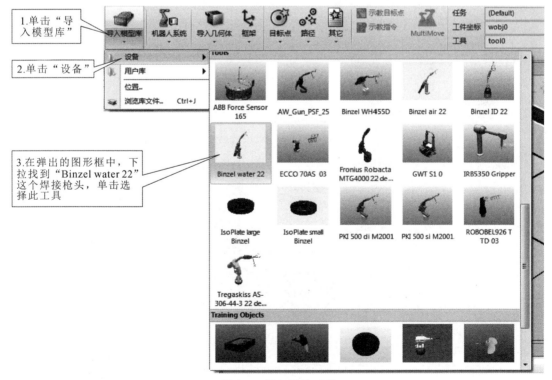

图 8-5　添加焊枪工具

（5）安装焊枪工具。按图 8-6 至图 8-8 中所示步骤将焊枪安装到机器人上。

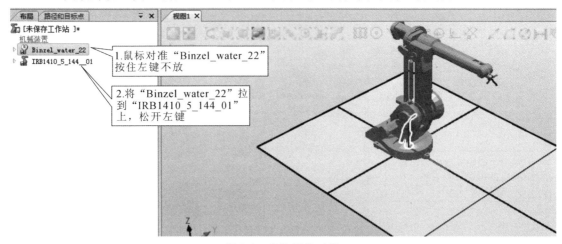

图 8-6　安装焊枪工具

图 8-7　确认安装工具

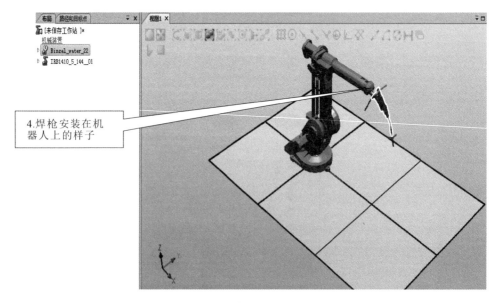

图 8-8　完成工具安装

2. 建立基于目前布局上的控制系统

根据图 8-9 至图 8-15 的演示完成机器人控制系统的创建。

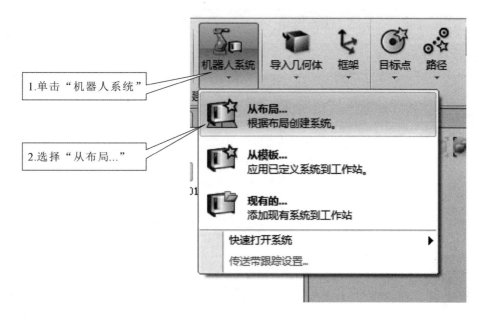

图 8-9 从布局创建系统

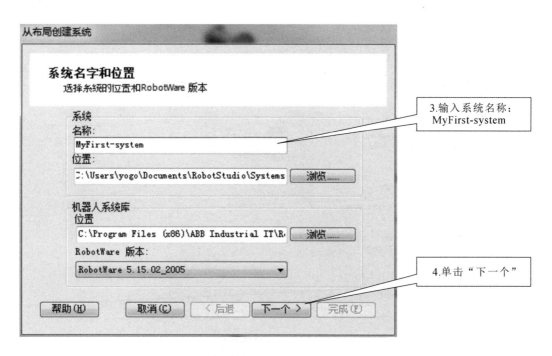

图 8-10 系统命名

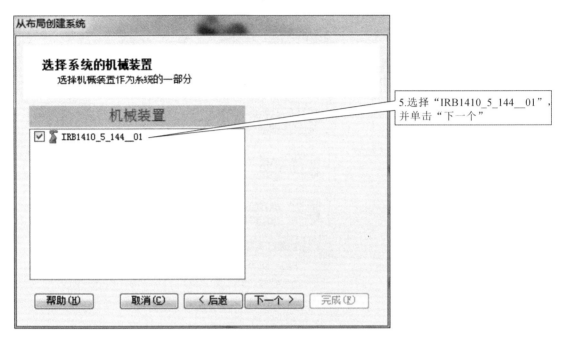

图 8-11　机械装置选择

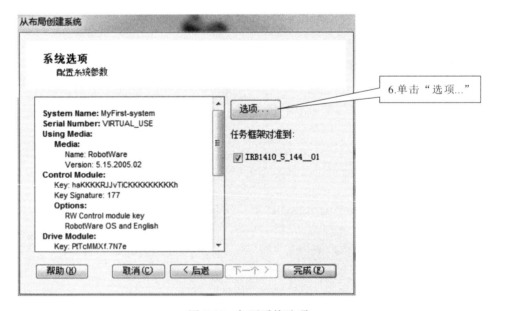

图 8-12　打开系统选项

项目8 工业机器人离线仿真

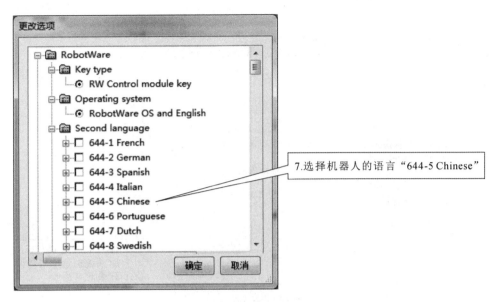

图 8-13 更改系统选项

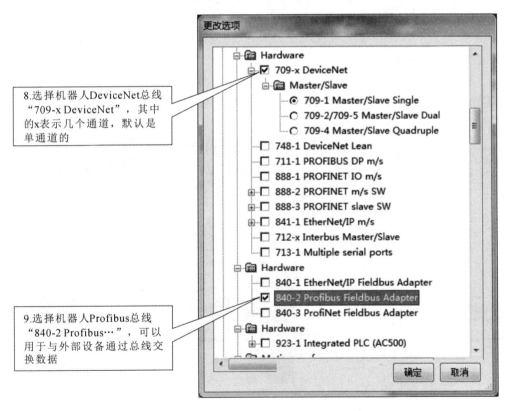

图 8-14 总线选择

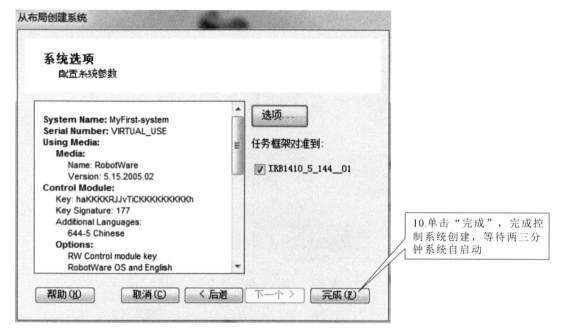

图 8-15 完成控制系统创建

3. 添加机器人控制柜

(1) 导入控制柜。在模型中导入控制柜的方法如图 8-16 和图 8-17 所示。注意：机器人控制柜在此处无电气特性，只在规划布局中起到空间视觉作用。

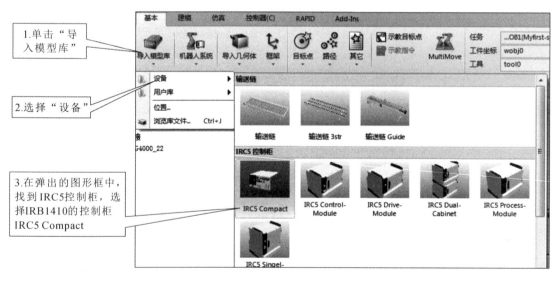

图 8-16 选择控制柜

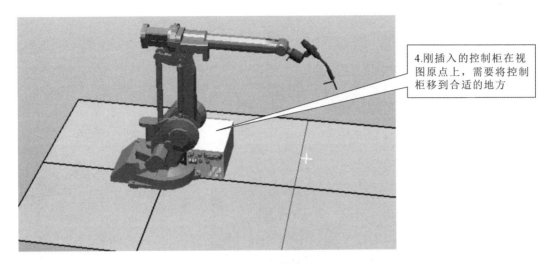

图 8-17 控制柜引入模型

(2) 移动控制柜。用鼠标拖动法移动控制柜的步骤如图 8-18 所示。此外,也可用位置设定法移动控制柜,其步骤如图 8-19 和图 8-20 所示。

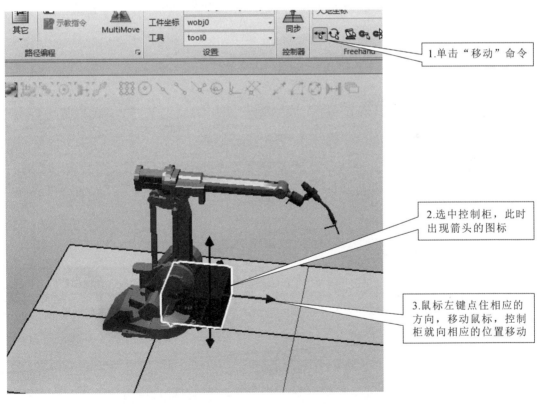

图 8-18 鼠标拖动法移动控制柜

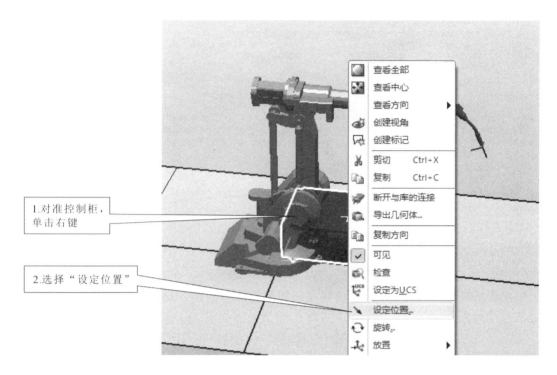

图 8-19 位置设定

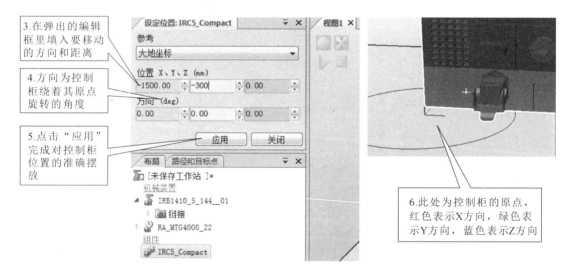

图 8-20 位置设定法移动控制柜

4. 视图中的模型位置的测量方法

视图中的模型位置的测量方法如图 8-21 和图 8-22 所示。

图 8-21 选择点到点

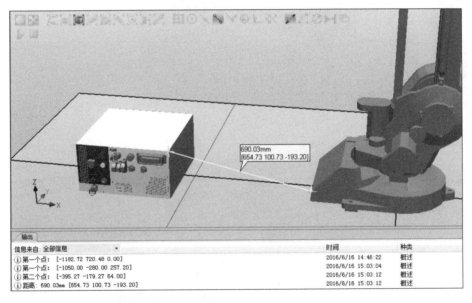

图 8-22 测量距离

任务 3　在 RobotStudio 中手动操作机器人与创建工件坐标

1. 在 RobotStudio 中手动操作机器人

（1）各轴单独操作的方法如图 8-23 所示。
（2）笛卡儿坐标系中线性手动操作的方法如图 8-24 所示。
（3）笛卡儿坐标系中重定位手动操作的方法如图 8-25 所示。

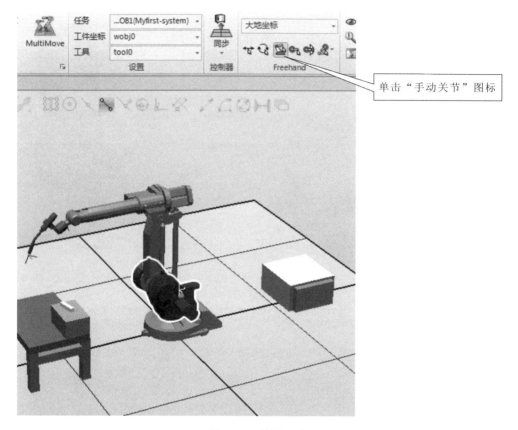

图 8-23 单轴运动

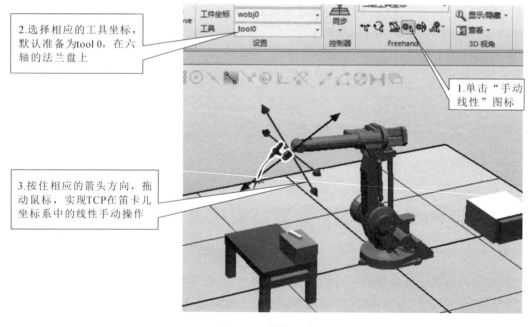

图 8-24 线性运动

项目 8　工业机器人离线仿真

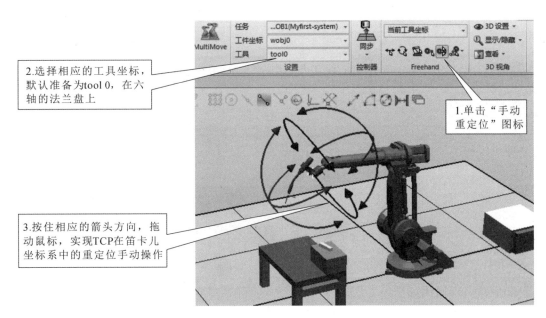

图 8-25　手动重定位

2. 创建工件坐标

工件坐标系是固定于工件上的笛卡儿坐标系,是相对于机器人基准坐标建立的一个新的坐标系。一般把这个坐标系的零点定义在工件的基准点上,用来表示工件相对于机器人的位置。

(1) 为新建工件坐标系命名,其步骤如图 8-26 所示。

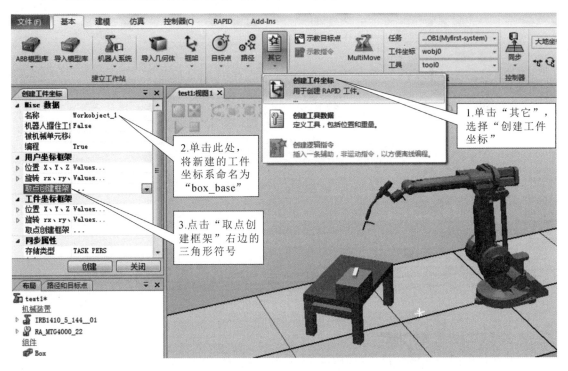

图 8-26　工件坐标系命名

(2) 用三点法创建工件坐标系,其步骤如图 8-27 所示。

119

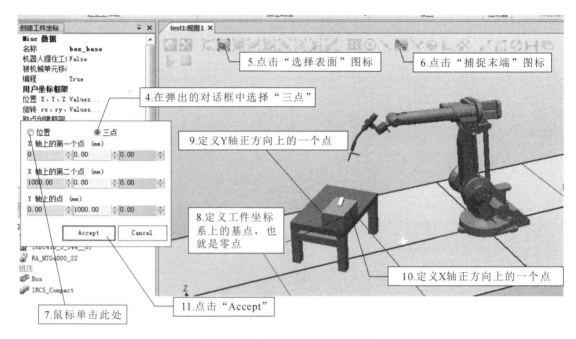

图 8-27 三点法创建工件坐标系

(3) 工件坐标系创建完成如图 8-28 所示。

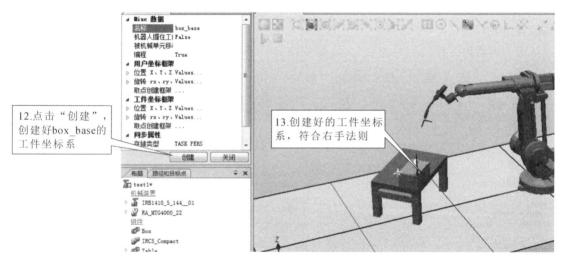

图 8-28 完成工件坐标系创建

任务 4 在 RobotStudio 中机器人运动控制

1. 创建机器人的运行路径

(1) 选择机器人的运行路径,如图 8-29 所示。

(2) 选择工件与工具坐标系,如图 8-30 所示。

(3) 选择示教点,如图 8-31 所示。

项目 8　工业机器人离线仿真

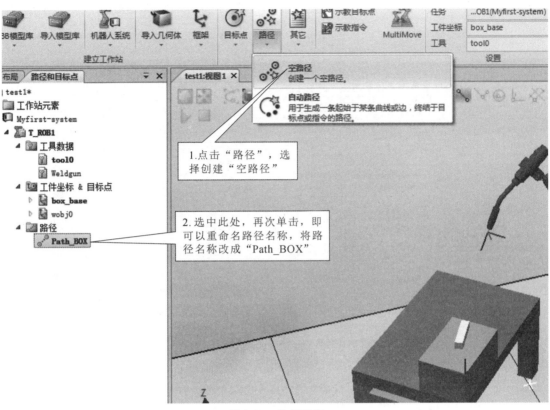

图 8-29　选择路径

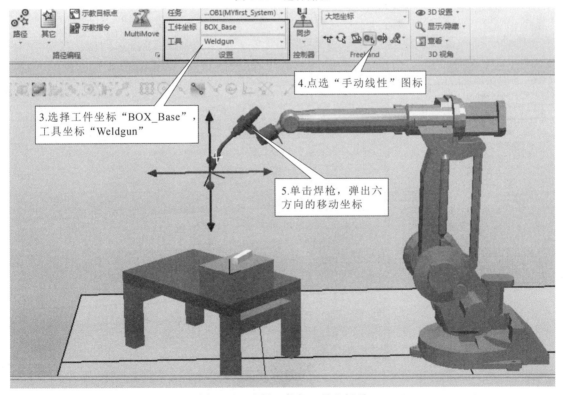

图 8-30　选择工件与工具坐标系

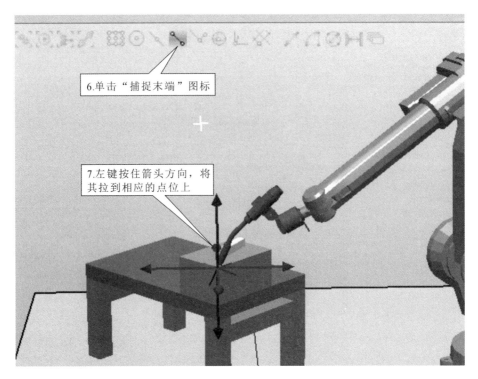

图 8-31 选择示教点

（4）生成点位指令，如图 8-32 所示。

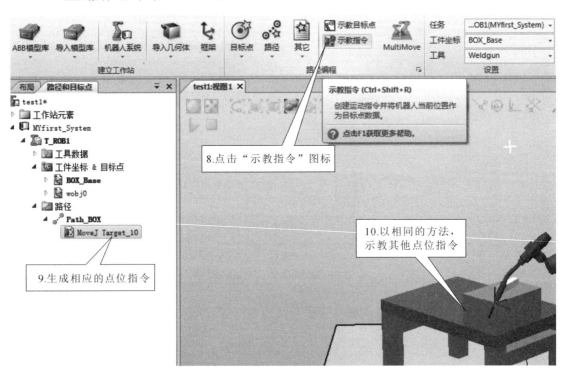

图 8-32 生成点位指令

（5）修改指令的方法如图 8-33 所示。

项目 8 工业机器人离线仿真

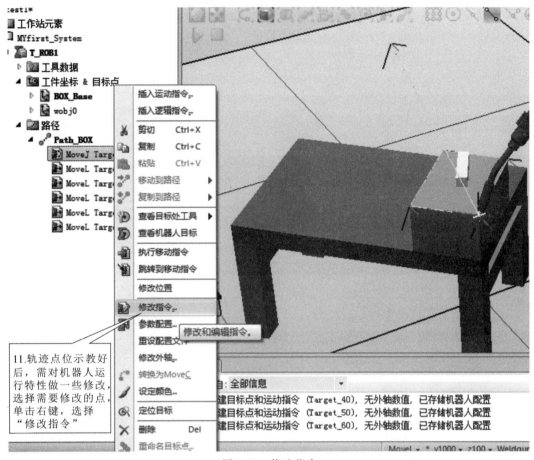

图 8-33 修改指令

（6）修改运行特性，如图 8-34 所示。

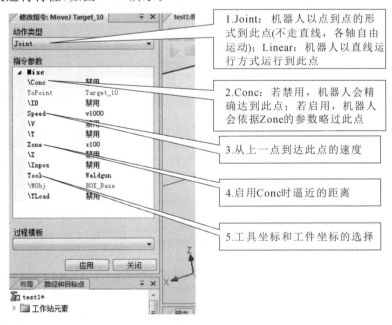

图 8-34 修改运行特性

（7）对创建好的机器人运行路径进行测试，如图8-35所示。

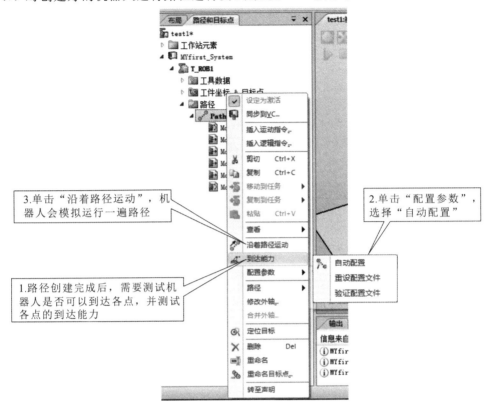

图 8-35　运动测试

2. 碰撞检测的设定

（1）创建碰撞监控，如图8-36所示。

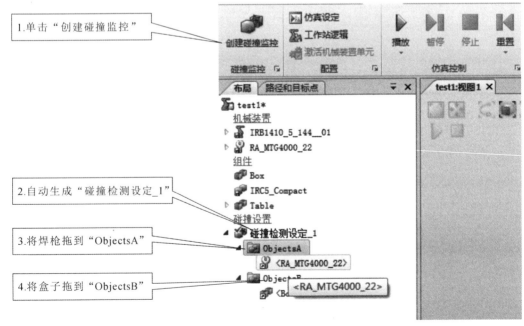

图 8-36　创建碰撞监控

(2) 修改碰撞监控,如图 8-37 所示。

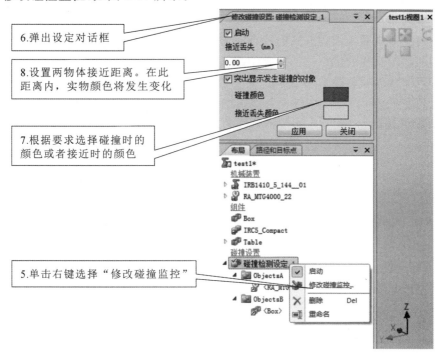

图 8-37 修改碰撞监控

(3) 碰撞监控演示,如图 8-38 和图 8-39 所示。

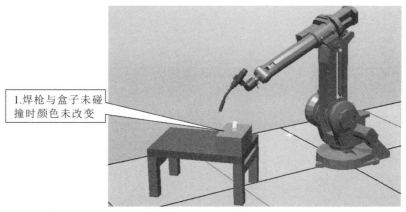

图 8-38 碰撞监控演示(1)

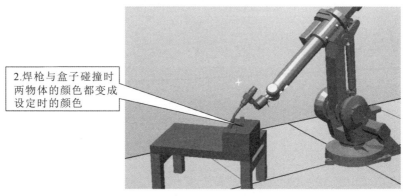

图 8-39 碰撞监控演示(2)

思考与实训

(1) 简述工业机器人编程方式的特点及选择方法。

(2) 简述离线编程的优点。

(3) 练习离线编程软件 RobotStudio 的安装。

(4) 练习在 RobotStudio 中构建工作站系统模型。

(5) 练习在 RobotStudio 中实现机器人的运动控制。

项目 9　ABB 工业机器人搬运工作站

学习目标

(1) 了解搬运机器人的定义和特点；
(2) 掌握搬运机器人工作站的基本组成；
(3) 了解 RobotStudio 工作站共享、加载 RAPID 程序模块、加载系统参数和 I/O 配置；
(4) 掌握 ABB 搬运工作站的建立方法。

知识要点

(1) 搬运机器人工作站的基本组成；
(2) RobotStudio 的相关知识；
(3) ABB 搬运工作站的建立。

训练项目

(1) RobotStudio 软件仿真；
(2) ABB 搬运机器人操作实训；
(3) ABB 搬运工作站的建立。

任务 1　工业机器人搬运工作站的认识

1. 工业机器人搬运工作站概述

搬运机器人(transfer robot)是指可以进行自动搬运作业的工业机器人。最早的搬运机器人首次用于搬运作业出现在 1960 年的美国。搬运作业是指用一种设备握持工件，从一个加工位置移到另一个加工位置的过程。如果采用工业机器人来完成这个任务，整个搬运系统则构成了工业机器人搬运工作站。给搬运机器人安装不同类型的末端执行器，可以完成不同形态和状态的工件搬运工作。

目前世界上使用的搬运机器人逾 10 万台，被广泛应用于机床上下料、冲压机自动化生产线、自动装配流水线、码垛搬运，以及集装箱等的自动搬运。部分发达国家已制定出人工搬运的最大限度，超过限度的必须由搬运机器人来完成。

工业机器人搬运工作站的特点如下：
(1) 应有物品的传送装置，其形式要根据物品的特点选用或设计；
(2) 可使物品准确地定位，以便于机器人抓取；
(3) 多数情况下设有物品托板，或机动或自动地交换托板；
(4) 有些物品在传送过程中还要经过整形，以保证码垛质量；

(5)要根据被搬运物品设计专用末端执行器;

(6)应选用适合于搬运作业的机器人。

2. 工业机器人搬运工作站的组成

工业机器人搬运工作站由工业机器人系统、PLC控制柜、机器人底座、输送线系统、平面仓库、操作按钮盒等组成。其整体布置如图9-1所示。

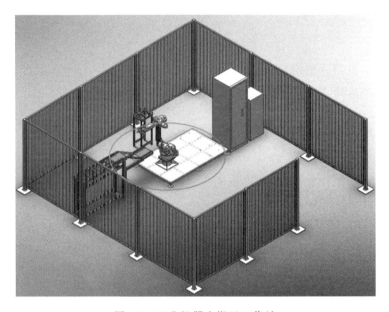

图9-1 工业机器人搬运工作站

1)搬运机器人系统

搬运机器人系统包括机器人本体、控制柜以及示教编程器,如图9-2所示。控制柜通过供电电缆和编码器电缆与机器人连接。

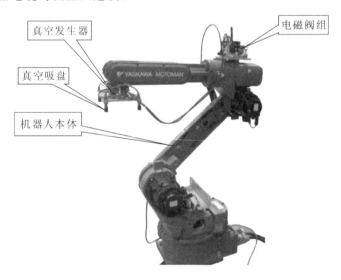

图9-2 搬运机器人

控制柜集成了机器人的控制系统,是整个机器人系统的神经中枢。它由计算机硬件、软件和一些专用电路构成,其软件包括控制器系统软件、机器人专用语言、机器人运动学及动力学软件、机器人控制软件、机器人自诊断及保护软件等,如图 9-3 所示。控制器负责处理机器人工作过程中的全部信息和控制其全部动作。

机器人示教编程器是操作者与机器人之间的主要交流界面。操作者通过示教编程器对机器人进行各种操作、示教、编制程序,并可直接移动机器人。机器人的各种信息、状态通过示教编程器显示给操作者。此外,还可通过示教编程器对机器人进行各种设置。

2)输送线系统

输送线系统的主要功能是把上料位置处的工件传送到输送线的末端落料台上,以便于机器人搬运,如图 9-4 所示。输送线由三相交流电动机拖动,并由变频器调速控制。上料位置处装有光电传感器,用于检测是否有工件,若有工件,将启动输送线来输送工件。输送线的末端落料台也装有光电传感器,用于检测落料台上是否有工件,若有工件,将启动机器人来搬运。

图 9-3 搬运机器人控制柜

3)平面仓库

平面仓库主要用于存储工件。平面仓库有一个反射式光纤传感器用于检测仓库是否已满,若仓库已满将不允许机器人向仓库中搬运工件,如图 9-5 所示。

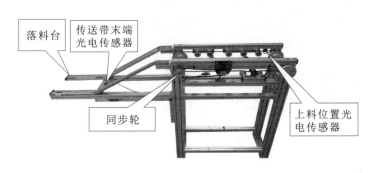

图 9-4 搬运工作站的输送线系统

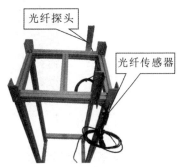

图 9-5 搬运工作站的平面仓库

4)PLC 控制柜

PLC 控制柜主要用来安装断路器、PLC、变频器、中间继电器、变压器等元器件,如图 9-6 所示,其中 PLC 是机器人搬运工作站的控制核心。搬运机器人的启动与停止、输送线的运行等,均由 PLC 控制实现。

3. 机器人末端执行器

工业机器人的末端执行器也称为机器人手爪,它是装在工业机器人手腕上直接抓握工件或执行作业的部件,如图 9-7 所示。

1)末端执行器的分类

(1)按用途分类。

① 手爪。手爪具有一定的通用性,它的主要功能是:抓住工件、握持工件、释放工件。抓住是在给定的目标位置和期望姿态上抓住工件,工件在手爪内必须具有可靠的定位,保持工件与手爪之间准确的相对位置,以保证机器人后续作业的准确性。握持是确保工件在搬

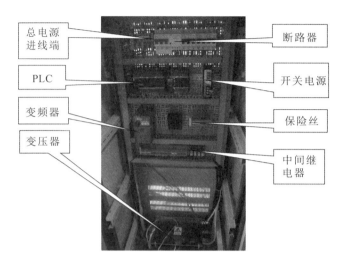

图 9-6 搬运工作站的 PLC 控制柜

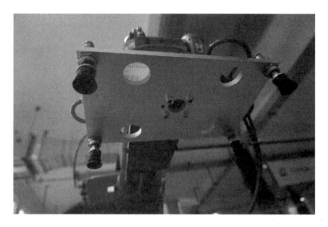

图 9-7 搬运机器人末端执行器

运过程中或零件在装配过程中定义了的位置和姿态的准确性。释放是在指定点上解除手爪和工件之间的约束关系。

② 工具。工具是进行某种作业的专用工具,如喷漆枪、焊具等。

(2) 按夹持原理分类。

末端执行器按夹持原理分类主要包括机械类、磁力类和真空类三种手爪,如图 9-8 所示。机械类手爪包括靠摩擦力夹持和吊钩承重两类,前者是有指手爪,后者是无指手爪。产生夹紧力的驱动源可以有气动、液动、电动和电磁四种。磁力类手爪主要是磁力吸盘,有电磁吸盘和永磁吸盘两种。真空类手爪是真空式吸盘,根据形成真空的原理可分为真空吸盘、气流负压吸盘、挤气负压吸盘三种。磁力类手爪及真空类手爪是无指手爪。

(3) 按手指或吸盘数目分类。

机械手爪可分为:二指手爪、多指手爪。机械手爪按手指关节分为:单关节手指手爪、多关节手指手爪。吸盘式手爪按吸盘数目分为:单吸盘式手爪、多吸盘式手爪。

(4) 按智能化程度分类。

根据末端执行器的智能化程度可将其分为普通式手爪和智能化手爪。

普通式手爪即手爪不具备传感器;智能化手爪具备一种或多种传感器,如力传感器、触

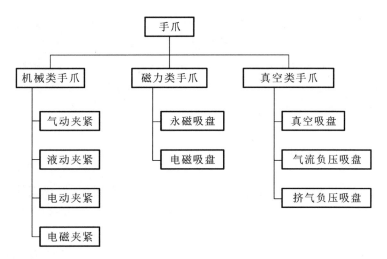

图 9-8 末端执行器按夹持原理分类

觉传感器、滑觉传感器等,手爪与传感器集成后成为智能化手爪。

2) 末端执行器设计和选用的要求

手爪设计和选用最主要的是满足功能上的要求,具体来说要在下面几个方面进行考虑。

(1) 被抓握的对象物。

手爪设计和选用首先要考虑的是它将用于抓握什么样的工件。因此,必须充分了解工件的几何形状和机械特性。

(2) 物料的馈送器或存储装置。

与机器人配合工作的零件馈送器或存储装置对手爪必需的最小和最大爪钳之间的距离以及必需的夹紧力都有要求,同时,还应了解其他可能的不确定的因素对手爪工作的影响。

(3) 手爪要和机器人匹配。

手爪一般用法兰式机械接口与手腕相连接,手爪自重也增加了机械臂的载荷,这两个问题必须给予仔细考虑。手爪是可以更换的,手爪形式可以不同,但是与手腕的机械接口必须相同,这就是接口匹配。手爪自重不能太大,机器人能抓取工件的重量是机器人承载能力减去手爪重量。手爪自重要与机器人承载能力匹配。

(4) 环境条件。

作业区域内的环境状况很重要,比如高温、水、油等环境都会影响手爪工作。一个锻压机械手要从高温炉内取出红热的锻件坯必须保证手爪的开合、驱动在高温环境中均能正常进行。

3) 不同末端执行器的应用场合

(1) 机械类手爪。

机械类手爪通常采用气动、液动、电动和电磁来驱动手指的开合。气动手爪目前得到了广泛的应用,因为气动手爪有许多突出的优点:结构简单,成本低,容易维修,而且开合迅速,重量轻。其缺点是空气介质的可压缩性使爪钳位置控制比较复杂。液压驱动手爪成本稍高一些。电动手爪的优点是手指开合电动机的控制与机器人控制可以共用一个系统,但是夹紧力比气动手爪、液压手爪小,开合时间比它们长。电磁手爪的控制信号简单,但是夹紧的电磁力与爪钳行程有关,因此,只用在开合距离小的场合。

(2) 磁力吸盘。

磁力吸盘有电磁吸盘和永磁吸盘两种。磁力吸盘是在手部装上电磁铁，通过磁场吸力把工件吸住。磁力吸盘只能吸住铁磁材料制成的工件（如钢铁件），不能吸住非钢铁金属和非金属材料的工件。磁力吸盘的缺点是被吸取工件有剩磁，吸盘上常会吸附一些铁屑，致使不能可靠地吸住工件，而且只适用于工件要求不高或有剩磁也无妨的场合。对于不准有剩磁的工件，如钟表零件及仪表零件，不能选用磁力吸盘，可用真空吸盘。另外钢、铁等磁性物质在温度为723℃以上时磁性就会消失，故高温条件下不宜使用磁力吸盘。磁力吸盘要求工件表面清洁、平整、干燥，以保证可靠的吸附。

(3) 真空式吸盘。

真空式吸盘主要用于搬运体积大、重量轻的零件，像冰箱壳体、汽车壳体等；也广泛用于需要小心搬运的物件，如显像管、平板玻璃等。真空式吸盘要求工件表面平整光滑、干燥清洁。

根据真空产生的原理，真空式吸盘可分为真空吸盘、气流负压吸盘、挤气负压吸盘。图9-9所示为产生负压的真空吸盘控制系统。吸盘吸力在理论上取决于吸盘与工件表面的接触面积和吸盘内外压差，实际上与工件表面状态有十分密切的关系，它影响负压的泄漏。采用真空泵能保证吸盘内持续产生负压，所以这种吸盘比其他形式的吸盘的吸力要大。

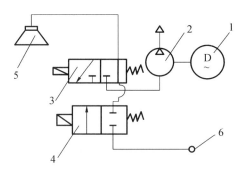

图9-9 产生负压的真空吸盘控制系统

1—电动机；2—真空泵；3、4—电磁阀；5—吸盘；6—通大气

气流负压吸盘的结构如图9-10所示，压缩空气进入喷嘴后利用伯努利效应使橡胶皮碗内产生负压。工厂一般都有空压机站或空压机，空压机气源比较容易解决，无须专为机器人配置真空泵，所以气流负压吸盘在工厂使用方便。

挤气负压吸盘的结构如图9-11所示。当吸盘压向工件表面时，将吸盘内空气挤出；松开时，去除压力，吸盘恢复弹性变形使吸盘腔内形成负压，将工件牢牢吸住，机械手即可进行工件搬运，到达目标位置后，用碰撞力P或用电磁力使压盖2动作，破坏吸盘腔内的负压，释放工件。此种挤气负压吸盘不需要真空泵系统也不需要压缩空气气源，比较经济方便，但可靠性比真空吸盘和气流负压吸盘差。

4) 工业机器人末端执行器的特点

(1) 手部与手腕相连处可拆卸。

手部与手腕有机械接口，也可能有电、气、液接头，当工业机器人作业对象不同时，可以方便地拆卸和更换手部。

(2) 手部是工业机器人末端执行器。

工业机器人的手部可以像人手那样具有手指，也可以是不具备手指的手；可以是类人的

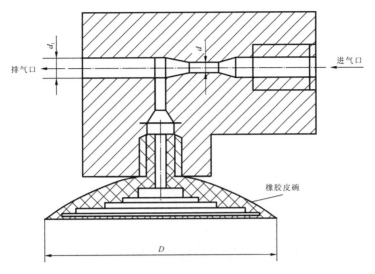

图 9-10 气流负压吸盘

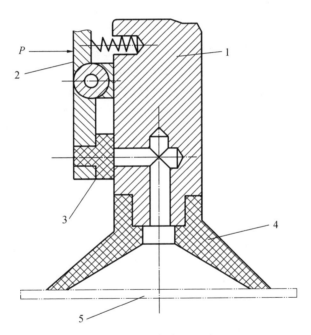

图 9-11 挤气负压吸盘

1—吸盘架；2—压盖；3—密封垫；4—吸盘；5—工件

手爪，也可以是进行专业作业的工具，比如装在机器人手腕上的喷漆枪、焊接工具等。

（3）手部的通用性比较差。

工业机器人手部通常是专用的装置，比如：一种手爪往往只能抓握一种或几种在形状、尺寸、重量等方面相近的工件；一种工具只能执行一种作业任务。

（4）手部是一个独立的部件。

假如把手腕归属于手臂，那么工业机器人机械系统的三大件就是机身、手臂和手部（末端执行器）。手部对于整个工业机器人来说是决定完成作业好坏、作业柔性好坏的关键部件之一。具有复杂感知能力的智能化手爪的出现，增加了工业机器人作业的灵活性和可靠性。

4. 搬运工作站的工作过程

搬运工作站的工作过程如下。

（1）按启动按钮，系统运行，机器人启动。

（2）当输送线上料检测传感器检测到工件时启动变频器，将工件传送到落料台上，工件到达落料台时变频器停止运行，并通知机器人搬运。

（3）机器人收到命令后将工件搬运到平面仓库，搬运完成后机器人回到作业原点，等待下次的搬运请求。

（4）当平面仓库码垛的工件数量已满，机器人停止搬运，输送线停止输送。清空仓库后，按复位按钮，系统继续运行。

任务 2　ABB 搬运工作站 RobotStudio 知识准备

1. 工作站共享

在 RobotStudio 中，一个完整的机器人工作站既包含前台所操作的工作站文件，还包含一个后台运行的机器人系统文件。当需要共享 RobotStudio 软件所创建的工作站时，可以利用"文件"菜单中的"共享"功能，使用其中的"打包"功能，可以将所创建的机器人工作站打包成工作包(.rspag 格式)；利用"解包"功能，可以将该工作包在另外的计算机上解包使用，如图 9-12 所示。

图 9-12　"文件"菜单中的"共享"功能

（1）打包：创建一个包含虚拟控制器、库和附加选项媒体库的活动工作站包。

（2）解包：解包已打包的文件，启动并恢复虚拟控制器，打开工作站。

2. 加载 RAPID 程序模块

在机器人应用过程中，如果已有一个程序模板，则可以直接将该模板加载至机器人系统中。例如,已有 1♯机器人程序,2♯机器人的应用与 1♯机器人相同,那么可以将 1♯机器人的程序模块直接导入 2♯机器人中。加载方法有以下两种。

1) 软件加载

在 RobotStudio 中的"RAPID"菜单中可以加载程序模块。在 RobotStudio 5.15 之前的版本中,此功能在"离线"菜单中,"在线"菜单中也有该功能,前者针对的是 PC 端仿真的机器人系统,后者针对的是利用网线连接的真实的机器人系统。具体步骤如下。

(1) 切换到"RAPID"菜单并展开下级列表,右击"T_ROB1",选择"加载模块",如图 9-13 所示。

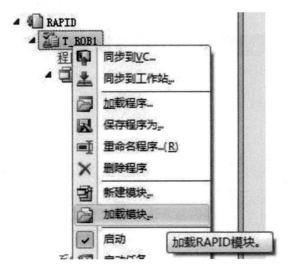

图 9-13 加载模块

(2) 浏览至需要加载的程序模块文件,单击"打开"按钮,如图 9-14 所示。

图 9-14 浏览程序模块文件

2）示教器加载

在示教器中依次单击：ABB菜单—程序编辑器—模块—文件—加载模块，之后浏览至所需加载的模块进行加载。具体步骤如下。

(1) 在程序编辑器模块栏中单击"文件"，如图9-15所示。

图9-15　程序编辑器模块栏"文件"

(2) 单击"加载模块"，如图9-16所示。

图9-16　加载模块

(3) 浏览至所需加载的程序模块文件,单击"确定"按钮。

3. 加载系统参数

在机器人应用过程中,如果已有系统参数文件,则可以直接将该参数文件加载至机器人系统中。例如,已有1♯机器人I/O配置文件,2♯机器人的应用与1♯机器人相同,那么可以将1♯机器人的I/O配置文件直接导入2♯机器人中。系统参数文件存放在备份文件夹中的SYSPAR文件目录下,其中最常用的是EIO文件,即机器人I/O系统配置文件。系统参数加载方法有以下两种。

1) 软件加载

在RobotStudio中,"控制器"菜单的"加载参数"功能可以用于加载系统参数。具体步骤如下。

(1) 在"控制器"菜单中单击"加载参数",如图9-17所示。

图9-17 "控制器"菜单的"加载参数"功能

(2) 选中"载入参数,并替代重复项"之后单击"打开"按钮,如图9-18所示。

(3) 在"File name"(即"文件名称")中 输入"EIO",单击跳出来的EIO.cfg文件,之后单击"打开"按钮。

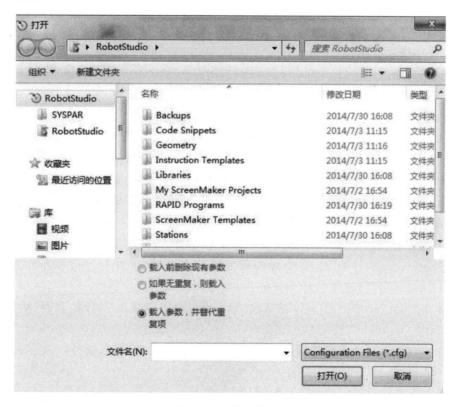

图9-18 浏览文件名称

备份文件夹中的系统参数文件保存在"SYSPAR"文件目录下。浏览至"SYSPAR"目录后,若不能显示系统参数文件,则需要在"File name"中输入"EIO",则自动跳出 EIO.cfg 文件,单击"打开"按钮即可打开。

2) 示教器加载

在示教器中依次单击:ABB 菜单—控制面板—配置—文件—加载参数,加载方式一般选取第三项,即"加载参数并替换副本",之后浏览至所需加载的系统参数文件进行加载。具体步骤如下。

(1) 打开"文件"菜单,如图 9-19 所示。

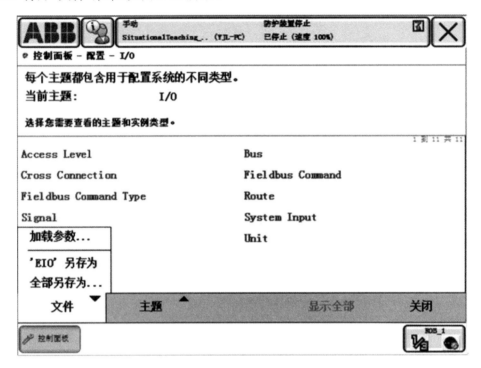

图 9-19 "文件"菜单

(2) 单击"加载参数"。

(3) 选中"加载参数并替换副本",之后单击"加载"按钮,如图 9-20 所示。

(4) 浏览至所需加载的系统参数文件,选中 EIO.cfg 文件,单击"确定"按钮,重新启动即可,如图 9-21 所示。

4. 仿真 I/O 信号

在仿真过程中,有时需要手动去仿真一些 I/O 信号,以使当前工作站满足机器人运行条件。在 RobotStudio 软件的"仿真"菜单中利用"I/O 仿真器"可对 I/O 信号进行仿真。具体步骤如下。

(1) 单击"仿真"菜单中的"I/O 仿真器"即可在软件右侧跳出"I/O 仿真器"菜单栏,如图 9-22 所示。

(2) 在"选择系统"栏中选择相应系统,包含工作站信号、机器人信号以及智能组件信号等,如图 9-23 所示。

(3) 单击需要仿真的信号,相应指示灯则会置为 1,再次单击即可置为 0。

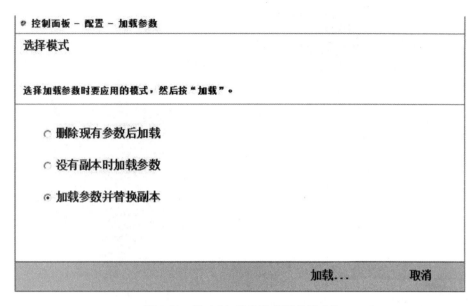

图 9-20 选中"加载参数并替换副本"

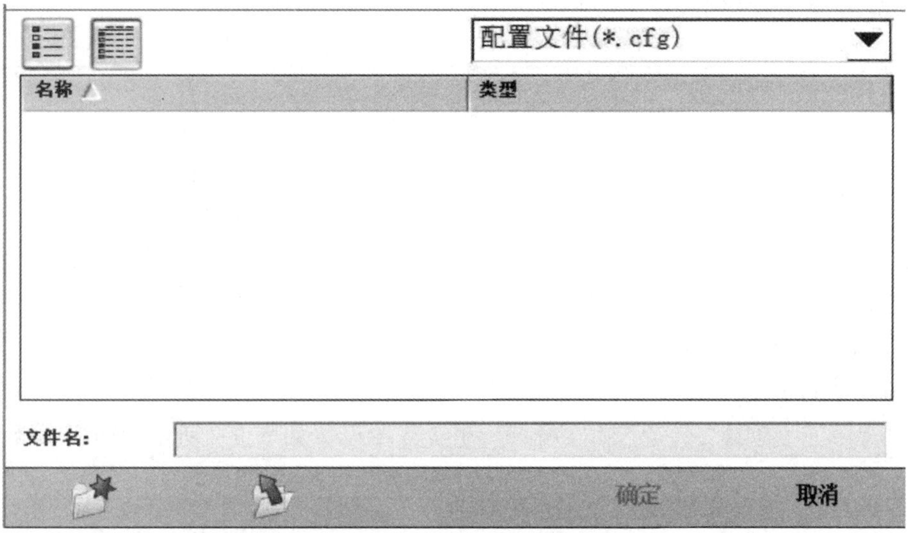

图 9-21 浏览至所需加载的系统参数文件

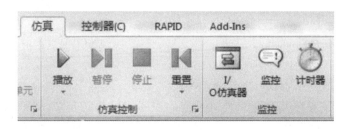

图 9-22 "仿真"菜单

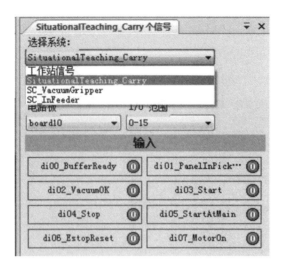

图 9-23 "选择系统"

5. I/O 配置

1) 标准 I/O 板配置

ABB 标准 I/O 板挂在 DeviceNet 总线上，常用型号有 DSQC651 和 DSQC652。在系统中配置标准 I/O 板，至少需要设置如表 9-1 所示的四项参数。

表 9-1 配置标准 I/O 板需要设置的四项参数

参 数 名 称	参 数 注 释
Name	I/O 单元名称
Type of Unit	I/O 单元类型
Connected to Bus	I/O 单元所在总线
DeviceNet Address	I/O 单元所占用总线地址

I/O 配置相关操作请参考前面的章节，此处不再详细介绍。

2) 数字 I/O 配置

在 I/O 单元上创建一个数字 I/O 信号，至少需要设置如表 9-2 所示的四项参数。

表 9-2 创建一个数字 I/O 信号需要设置的四项参数

参 数 名 称	参 数 注 释
Name	I/O 信号名称
Type of Signal	I/O 信号类型
Assigned to Unit	I/O 信号所在 I/O 单元
Unit Mapping	I/O 信号所占用单元地址

3) 系统 I/O 配置

系统输入：将数字输入信号与机器人系统的控制信号关联起来，就可以通过输入信号对系统进行控制（例如：电动机上电、程序启动等）。系统输出：机器人系统的状态信号也可以与数字输出信号关联起来，将系统的状态输出给外围设备作控制之用（例如：系统运行模式、程序执行错误等）。

任务 3　ABB 搬运工作站的建立

本工作站以太阳能薄板搬运为例,利用 IRB120 机器人在流水线上拾取太阳能薄板工件,将其搬运至暂存盒中,以便周转至下一工位进行处理。本工作站中已经预设搬运动作效果,大家需要在此工作站中依次完成 I/O 配置、程序数据创建、目标点示教、程序编写及调试,最终完成整个搬运工作站的搬运过程。ABB 机器人在搬运方面有许多成熟的解决方案,在食品、医药、化工、金属加工、太阳能等领域均有广泛的应用,涉及物流输送、周转、仓储等。采用机器人搬运可大幅提高生产效率、节省劳动力成本、提高定位精度并降低搬运过程中的产品损坏率。

1. 工作站解包

解包工作站的步骤如下。

(1) 双击工作站打包文件:SituationalTeaching_Carry.rspag,如图 9-24 所示。

(2) 单击"下一个"按钮,如图 9-25 所示。

(3) 单击"浏览"按钮,选择存放解包文件的目录,如图 9-26 所示。

(4) 单击"下一个"按钮。

图 9-24　工作站打包文件

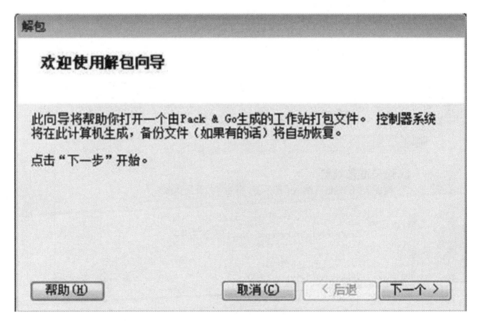

图 9-25　解包向导

(5) 机器人系统库指向"Mediapool"文件夹。选择 RobotWare 版本(要求最低版本为 5.14.02),如图 9-27 所示。

(6) 单击"下一个"按钮。

(7) 解包准备就绪后,单击"完成"按钮,如图 9-28 所示。

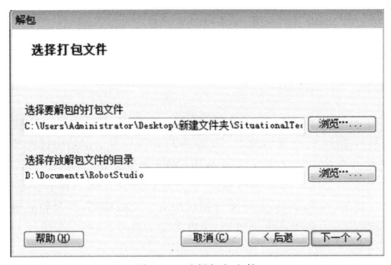

图 9-26 选择解包文件

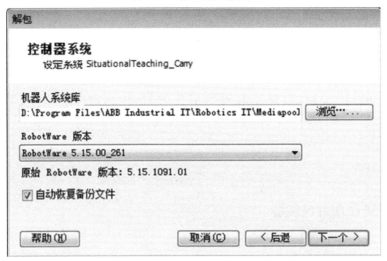

图 9-27 控制器系统

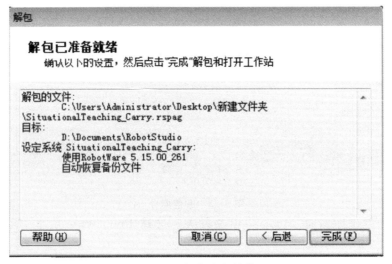

图 9-28 解包准备就绪

(8) 确认后,单击"关闭"按钮,如图 9-29 所示。

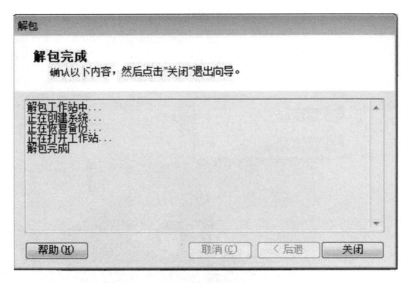

图 9-29 解包完成

(9) 解包完成后,在主窗口显示整个搬运工作站,如图 9-30 所示。

图 9-30 ABB 搬运工作站

2. 创建备份并执行 I 启动

现有工作站已包含创建好的参数以及 RAPID 程序。从零开始练习建立工作站的配置工作,需要先将此系统做一个备份,之后执行 I 启动,将机器人系统恢复到出厂初始状态。

具体步骤如下。

(1) 在"控制器"菜单中选择"备份",然后单击"创建备份",如图9-31所示。

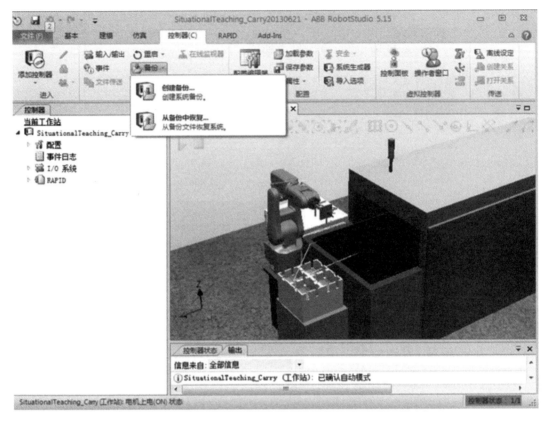

图 9-31　在"控制器"菜单中选择"备份"

(2) 为备份命名,并选定保存的位置,单击"确定",如图9-32所示。

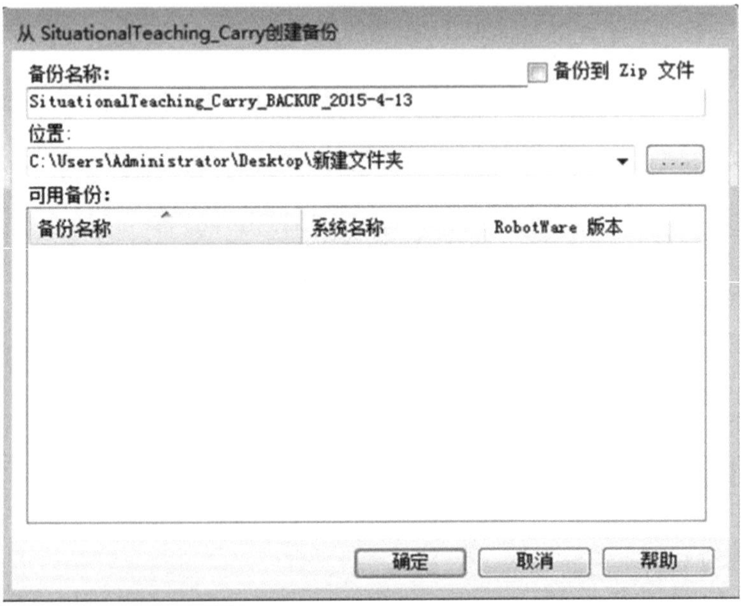

图 9-32　创建备份

（3）在"控制器"菜单中，单击"重启"，然后选择"I启动"，如图9-33所示。

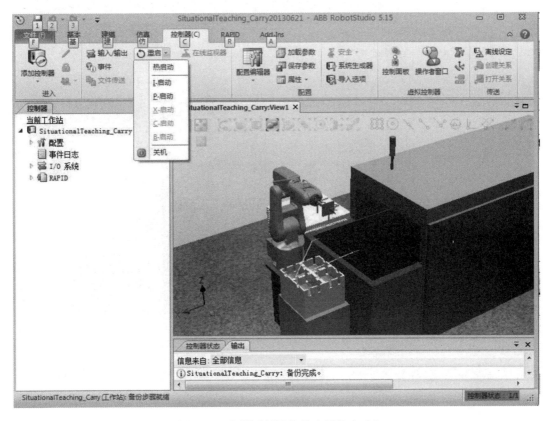

图9-33 在"控制器"菜单选择"I启动"

（4）在I启动完成后，会跳出更新提示框，暂时先单击"否"按钮，如图9-34所示。

图9-34 更新提示框

（5）在"控制器"菜单中，单击"编辑系统"，如图9-35所示。

（6）在图9-36所示的系统配置框的左侧栏中选中"ROB_1"，然后选择"使用当前工作站数值"，单击"确定"按钮。

（7）待执行热启动后，则完成了工作站的初始化操作，如图9-37所示。

重启类型介绍如下：

① 热启动：修改系统参数及配置后使其生效。

② 关机：关闭当前系统，同时关闭主机。

③ B启动：尝试从最近一次无错状态下启动系统。

④ P启动：重新启动并删除已加载的RAPID程序。

⑤ I启动：重新启动，恢复至出厂设置。

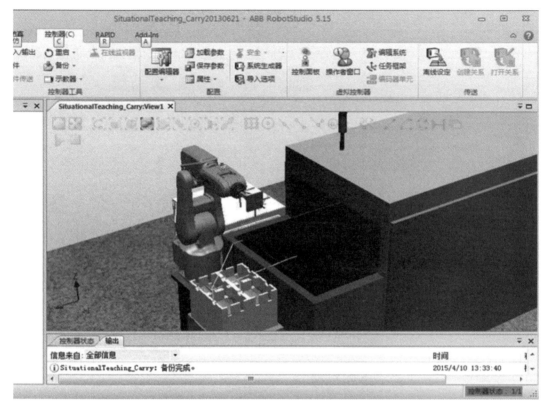

图 9-35 在"控制器"菜单中单击"编辑系统"

图 9-36 系统配置

项目 9 ABB 工业机器人搬运工作站

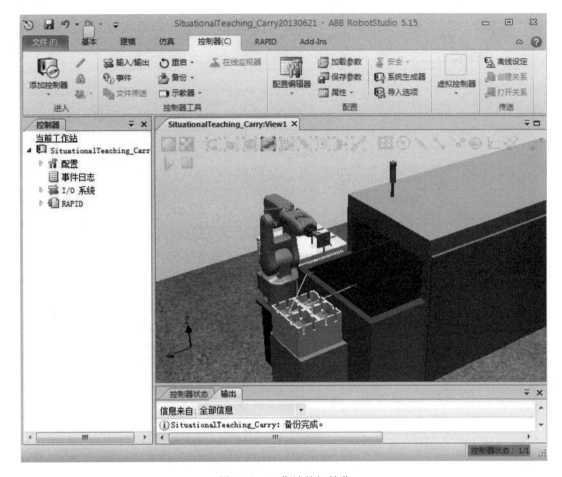

图 9-37 工作站的初始化

⑥ C 启动：重新启动并删除当前系统。

⑦ X 启动：重新启动，装载系统或选择其他系统，修改 IP 地址。

3. 参数配置

1）配置 I/O 单元

在虚拟示教器中，根据表 9-3 所示的参数配置 I/O 单元。

表 9-3 配置 I/O 单元参数

Name	Type of Unit	Connected to Bus	DeviceNet address
Board10	D651	DeviceNet1	10

2）配置 I/O 信号

在虚拟示教器中，根据表 9-4 所示的参数配置 I/O 信号。

表 9-4 配置 I/O 信号参数

Name	Type of Signal	Assigned to Unit	Unit Mapping	I/O 信号注解
di00_BufferReady	Digital Input	Board10	0	暂存装置到位信号
di01_PanelInPickPos	Digital Input	Board10	1	产品到位信号

续表

Name	Type of Signal	Assigned to Unit	Unit Mapping	I/O 信号注解
di02_VacuumOK	Digital Input	Board10	2	真空反馈信号
di03_Start	Digital Input	Board10	3	外接"开始"
di04_Stop	Digital Input	Board10	4	外接"停止"
di05_StartAtMain	Digital Input	Board10	5	外接"从主程序开始"
di06_EstopReset	Digital Input	Board10	6	外接"急停复位"
di07_MotorOn	Digital Input	Board10	7	外接"电动机上电"
do32_VacuumOpen	Digital Output	Board10	32	打开真空
do33_AutoOn	Digital Output	Board10	33	自动状态输出信号
do34_BufferFull	Digital Output	Board10	34	暂存装置满载

3）配置系统输入/输出信号

在虚拟示教器中，根据表 9-5 所示的参数配置系统输入/输出信号。

表 9-5 系统输入/输出信号参数

Type	Signal Name	Action/Status	Argument1	注释
System Input	di03_Start	Start	Continuous	程序启动
System Input	di04_Stop	Stop	无	程序停止
System Input	di05_StartAtMain	StartMain	Continuous	从主程序启动
System Input	di06_EstopReset	ResetEstop	无	急停状态恢复
System Input	di07_MotorOn	MotorOn	无	电动机上电
System Output	do33_AutoOn	Auto On	无	自动状态输出

4. 创建程序数据

1）创建工具数据

在虚拟示教器中，根据表 9-6 和表 9-7 所示的参数设定工具数据 tGripper。

表 9-6 robothold 参数

参 数 名 称	参 数 数 值
robothold	TRUE

表 9-7 工具数据 tGripper 参数

参 数 名 称	参 数 数 值
trans	
X	0
Y	0
Z	115

续表

参数名称	参数数值
rot	
q1	1
q2	0
q3	0
q4	0
mass	1
cog	
X	0
Y	0
Z	100
其余参数均为默认值	

工具数据 tGripper 创建完成后,示教窗口显示如图 9-38 所示。

图 9-38 工具数据 tGripper 创建完成

2) 创建工件坐标系数据

本工作站中,工件坐标系均采用用户三点法创建。在虚拟示教器中,根据如图 9-39 和图 9-40 所示位置设定工件坐标 WobjCNV 和 WobjBuffer。

图 9-39 工件坐标 WobjCNV

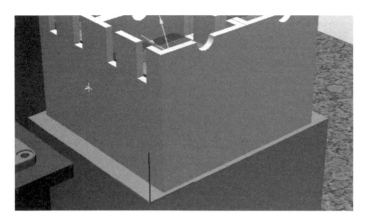

图 9-40 工件坐标 WobjBuffer

3) 创建载荷数据

在虚拟示教器中,根据表 9-8 所示的参数设定载荷数据 LoadFull。

表 9-8 载荷数据 LoadFull 参数

参 数 名 称	参 数 数 值
mass	0.5
c	
X	0
Y	0
Z	3
其余参数均为默认值	

载荷数据 LoadFull 参数设定完成后,示教窗口显示如图 9-41 所示。

图 9-41 载荷数据 LoadFull 参数设定完成

5. 程序注解

本工作站要实现的动作是机器人在流水线上拾取太阳能薄板工件,将其搬运至暂存盒中,以便周转至下一工位进行处理。在熟悉了此 RAPID 程序后,可以根据实际的需要在此程序的基础上做适用性的修改,以满足实际逻辑与动作的控制需要。以下是实现机器人逻辑和动作控制的 RAPID 程序。

1）数据定义

CONST robtarget pPick：=[[394.997607159,132.703199388,12.734872184],[0.005862588,-0.00300065,0.999966662,0.004827206],[0,0,0,0],[9E9,9E9,9E9,9E9,9E9,9E9]];

CONST robtarget pHome：=[[-548.424175962,-238.61219249,801.420966892],[-0.000000012,-0.707106781,0.707106781,-0.000000012],[0,0,0,0],[9E9,9E9,9E9,9E9,9E9,9E9]];

CONST robtarget pPlaceBase：=[[100.088594059,77.835146221,158.046135973],[0.00000004,-0.000623424,0.999999806,-0.000000001],[-1,0,-1,0],[9E9,9E9,9E9,9E9,9E9,9E9]];

// 需要示教的目标点数据,抓取点为 pPick,HOME 点为 pHome,放置基准点为 pPlaceBase

PERS robtarget pPlace;

// 放置目标点,类型为 PERS,在程序中被赋予不同的数值,用以实现多点位放置

CONST jointtarget jposHome：=[[0,0,0,0,0,0],[9E9,9E9,9E9,9E9,9E9,9E9]];

// 关节目标点数据,各关节轴度数为 0,即机器人回到各关节轴机械刻度零位

CONST speeddata vLoadMax：=[3000,300,5000,1000];

CONST speeddata vLoadMin：=[500,200,5000,1000];

CONST speeddata vEmptyMax：=[5000,500,5000,1000];

CONST speeddata vEmptyMin：=[1000,200,5000,1000];

// 速度数据,根据实际需求定义多种速度数据,以便于控制机器人各动作的速度

PERS num nCount：=1;

// 数字型变量 nCount,此数据用于太阳能薄板计数,根据此数据的数值赋予放置目标点 pPlace 不同的位置数据,以实现多点位放置

PERS num nXoffset：=145; PERS num nYoffset：=148;

// 数字型变量,用作放置位置偏移数值,即太阳能薄板摆放位置在 X、Y 方向的单个间隔距离

VAR bool bPickOK：=False;

// 布尔量,当拾取动作完成后将其置为 True,放置完成后将其置为 False,以作逻辑控制之用

TASK PERS tooldata tGripper：=[TRUE,[[0,0,115],[1,0,0,0]],[1,[0,0,100],[0,1,0,0],0,0,0]];

// 定义工具坐标系数据 tGripper。

TASK PERS wobjdata WobjBuffer：=[FALSE,TRUE,"",[[-350.365,-355.079,418.761],[0.707547,0,0,0.706666]],[[0,0,0],[1,0,0,0]]];

// 定义暂存盒工件坐标系 WobjBuffer

TASK PERS wobjdata WobjCNV：=[FALSE,TRUE,"",[[-726.207,-645.04,600.015],[0.709205,

−0.0075588,0.000732113,0.704961]],[[0,0,0],[1,0,0,0]]];

// 定义输送带工件坐标系

WobjCNV TASKPERSloaddataLoadFull:=[0.5,[0,0,3],[1,0,0,0],0,0,0];

// 定义有效载荷数据 LoadFull

2）主程序

PROC Main()

// 主程序

rInitialize;

// 调用初始化程序

WHILE TRUE DO

// 利用 WHILE 循环将初始化程序隔开

rPickPanel;

// 调用拾取程序

rPlaceInBuffer;

// 调用放置程序

Waittime 0.3;

// 循环等待时间，防止在不满足机器人动作的情况下程序扫描过快，造成 CPU 过载

ENDWHILE ENDPROC

PROC rInitialize()

// 初始化程序

rCheckHomePos;

// 机器人位置初始化，调用 HOME 位置点检测程序，检测当前机器人位置是否在 HOME 点，若在 HOME 点则继续执行之后的初始化相关指令；若不在 HOME 点，则先返回至 HOME 点

nCount:=1;

// 计数初始化，将用于太阳能薄板的计数数值设置为 1，即从放置的第一个位置开始摆放

reset do32_VacuumOpen;

// 信号初始化，复位真空信号，关闭真空

bPickOK:=False;

// 布尔量初始化，将拾取布尔量置为 False

ENDPROC

PROC rPickPanel()

// 拾取太阳能薄板程序

IF bPickOK=False THEN

// 当拾取布尔量 bPickOK 为 False 时，执行 IF 条件下的拾取动作指令，否则执行 ELSE 中出错处理的指令，因为当机器人去拾取太阳能薄板时，需保证其真空夹具上面没有太阳能薄板

MoveJ offs(pPick,0,0,100),vEmptyMax,z20,tGripper\WObj:=WobjCNV;

// 利用 MoveJ 指令移至拾取位置 pPick 点正上方 Z 轴正方向 100 mm 处

WaitDI di01_PanelInPickPos,1;
// 等待产品到位信号 di01_PanelInPickPos 变为 1,即太阳能薄板已到位
MoveLpPick,vEmptyMin,fine,tGripper\WObj:=WobjCNV;
// 产品到位后,利用 MoveL 移至拾取位置 pPick 点
Set do32_VacuumOpen;
// 将真空信号置为 1,控制真空吸盘产生真空,将太阳能薄板拾起
WaitDI di02_VacuumOK,1;
// 等待真空反馈信号为 1,即真空夹具产生的真空度达到需求后才认为已将产品完全拾起。若真空夹具上面没有真空反馈信号,则可以使用固定等待时间,如 Waittime 0.3
bPickOK:=TRUE;
// 真空建立后,将拾取的布尔量置为 TRUE,表示机器人夹具上面已拾取一个产品,以便在放置程序中判断夹具的当前状态
GripLoadLoadFull;
// 加载载荷数据 LoadFull
MoveLoffs(pPick,0,0,100),vLoadMin,z10,tGripper\WObj:=WobjCNV;
// 利用 MoveL 移至拾取位置 pPick 点正上方 100 mm 处
ELSE TPERASE;
TPWRITE"Cycle Restart Error";
TPWRITE"Cycle can't start with SolarPanel on Gripper"; TPWRITE"Please check the Gripper and then press the start button"; stop;
// 如果在拾取开始之前拾取布尔量已经为 TRUE,则表示夹具上面已有产品,此种情况下机器人不能再去拾取另一个产品。此时通过写屏指令描述当前错误状态,并提示操作员检查当前夹具状态,排除错误状态后再开始下一个循环。同时利用 Stop 指令,停止程序运行
ENDIF ENDPROC
PROCrPlaceInBuffer()
// 放置程序
IFbPickOK=TRUE THEN rCalculatePos;
// 调用放置位置计算程序。此程序会通过判断当前计数 nCount 的值,对放置点 pPlace 赋予不同的放置位置数据
WaitDI di00_BufferReady,1;
// 等待暂存盒准备完成信号 di00_BufferReady 变为 1
MoveJoffs(pPlace,0,0,100),vLoadMax,z50,tGripper\WObj:=WobjBuffer;
// 利用 MoveJ 移至放置位置 pPlace 点正上方 100 mm 处
MoveLoffs(pPlace,0,0,0),vLoadMin,fine,tGripper\WObj:=WobjBuffer;
// 利用 MoveL 移至放置位置 pPlace 处
Reset do32_VacuumOpen;
// 复位真空信号,控制真空夹具关闭真空,将产品放下
WaitDI di02_VacuumOK,0;
// 等待真空反馈信号变为 0

WaitTime 0.3;
// 等待 0.3 s,以防止刚放置的产品被剩余的真空带起
GripLoadload0;
// 加载载荷数据
load0 bPickOK:=FALSE;
// 此时真空夹具已将产品放下,需要将拾取布尔量置为 FALSE,以便在下一个循环的拾取程序中判断夹具的当前状态
MoveLoffs(pPlace,0,0,100),vEmptyMin,z10,tGripper\WObj:=WobjBuffer;
// 利用 MoveL 移至放置位置 pPlace 点正上方 100 mm 处
nCount:=nCount+1;
// 产品计数 nCount 加 1,通过累积 nCount 的数值,在计算放置位置的程序 rCalculatePos 中赋予放置点 pPlace 不同的位置数据
IFnCount>4 THEN
// 判断计数 nCount 是否大于 4,此处演示的状况是放置 4 个产品即表示已满载,需要更换暂存盒及进行其他的复位操作,如计数 nCount、满载信号复位等
nCount:=1;
// 计数复位,将 nCount 赋值为 1
Set do34_BufferFull;
// 输出暂存盒满载信号,以提示操作员或周边设备更换暂存装置
MoveJ pHome,v100,fine,tGripper;
// 机器人移至 Home 点,此处可根据实际情况来设置机器人的动作,例如若是多工位放置,那么机器人可继续去其他的放置工位进行产品的放置任务
WaitDI di00_BufferReady,0;
// 等待暂存装置到位信号变为 0,即满载的暂存装置已被取走
Reset do34_BufferFull;
// 满载的暂存装置被取走后,则复位暂存装置满载信号
ENDIF ENDIF ENDPROC
PROCrCalculatePos()
// 计算位置子程序,检测当前计数 nCount 的数值,以 pPlaceBase 为基准点,利用 Offs 指令在坐标系 WobjBuffer 中沿着 X、Y、Z 方向偏移相应的数值
TESTnCount CASE 1:pPlace:=offs(pPlaceBase,0,0,0);
// 若 nCount 为 1,pPlaceBase 点就是第一个放置位置,所以 X、Y、Z 偏移值均为 0,也可以直接写成:pPlace:=pPlaceBase;
CASE 2:
pPlace:=offs(pPlaceBase,nXoffset,0,0);
// 若 nCount 为 2,位置 2 相对于放置基准点 pPlaceBase 点在 X 正方向偏移了一个产品间隔
CASE 3:
pPlace:=offs(pPlaceBase,0,nYoffset,0);
// 若 nCount 为 3,位置 3 相对于放置基准点 pPlaceBase 点在 Y 正方向偏移了一个产品间隔

CASE 4:
pPlace:=offs(pPlaceBase,nXoffset,nYoffset,0);
//若 nCount 为 4,位置 4 相对于放置基准点 pPlaceBase 点在 X、Y 正方向各偏移了一个产品间隔
DEFAULT:TPERASE;
TPWRITE"The CountNumber is error,please check it!"; stop;
//若 nCount 数值不为 CASE 中所列的数值,则视为计数出错,写屏提示错误信息,并利用 Stop 指令停止程序循环
ENDTEST ENDPROC
PROCrCheckHomePos()
ENDPROC
FUNCboolCurrentPos(robtargetComparePos,INOUTtooldata TCP)
ENDFUNC
3) 辅助程序
PROCrMoveAbsj()
MoveAbsjposHome\NoEOffs,v100,fine,tGripper\WObj:=wobj0;
//利用 MoveAbsj 移至机器人各关节轴零位位置
ENDPROC
PROCrModPos()
//示教目标点程序
MoveL pPick,v10,fine,tGripper\WObj:=WobjCNV;
//示教拾取点 pPick,在工件坐标系 WobjCNV 下
MoveL pPlaceBase,v10,fine,tGripper\WObj:=WobjBuffer;
//示教放置基准点 pPlaceBase,在工件坐标系 WobjBuffer 下
MoveL pHome,v10,fine,tGripper;
//示教 HOME 点 pHome,在工件坐标系 Wobj0 下
ENDPROC

思考与实训

(1) 简述搬运机器人工作站的组成。
(2) 简述工业机器人末端执行器的分类。
(3) 使用工业机器人示教器完成标准 I/O 板的配置。
(4) 以太阳能薄板搬运为例,建立 ABB 搬运工作站。
(5) 编写 ABB 搬运工作站的 RAPID 程序。

项目 10　工业机器人工作站系统集成

学习目标

了解工业机器人工作站的构建。

知识要点

(1) 掌握工业机器人工作站的构成要素；
(2) 理解工业机器人工作站功能；
(3) 掌握工业机器人与 PLC 的接口信号配置；
(4) 掌握工业机器人远程控制的电路设计和程序编写。

训练项目

(1) 设计工业机器人与外围设备的接口电路；
(2) 调试 PLC 程序及机器人程序；
(3) 能解决工业机器人工作站的常见故障。

任务 1　工业机器人工作站集成总体设计

1. 工业机器人工作站

本设计的工作站综合了自动控制、位置控制、电机控制、气动控制、可编程控制器、传感器等技术，如图 10-1 所示，装置由 ABB 工业机器人、控制器及机器人示教盒、工业机器人搬运单元、工业机器人轨迹绘制单元、工业机器人码垛单元、工业机器人打磨抛光单元、工业机器人手爪、安全单元、电气控制系统、气动系统、机器人工作台等组成。通过更换抓取工装可以实现机器人的搬运、码垛、轨迹模拟画图、打磨抛光等功能。

2. 工业机器人工作站的技术参数

工业机器人工作站的技术参数如下。

(1) 输入电源：AC 220 V±10%（单相三线）；
(2) 整体功率：<1 kW；
(3) 外形尺寸：1600 mm×1400 mm×1500 mm；
(4) 气源压力：0.4～0.6 MPa；
(5) 工作环境：温度 −5～+40 ℃，湿度 85%（25 ℃），海拔低于 4000 m；
(6) 安全保护：具有漏电保护，安全符合国家标准；
(7) 质量：150 kg。

项目 10 工业机器人工作站系统集成

图 10-1 工业机器人工作站集成
（注：部分机构未注出。）

3. 工业机器人工作站集成材料

工业机器人工作站集成材料如表 10-1 所示。

表 10-1 工业机器人工作站集成材料清单

序号	名　　称	规　格　说　明	数量	单位	品牌
1	工业机器人	含 IRB120－3/0.6 六自由度 3 kg 工业机器人本体、IRC5 控制器、示教器	5	套	ABB
2	机器人搬运单元	包括网格坐标机构、搬运工件、搬运手爪工装	5	套	康尼
2.1	网格坐标机构	由铝型材搭建	5	套	康尼
2.2	搬运工件	尺寸 $\phi24$ mm×20 mm 的铝制工件	45	个	康尼
3	机器人轨迹绘制单元	包括轨迹画图机构、画笔工装	5	套	康尼
3.1	轨迹画图机构	画图板尺寸：216 mm×301 mm×15 mm（配 1 个擦板）	5	套	康尼
4	机器人码垛单元	包括 4×4 仓储库、皮带传送机构、工件（$\phi60$ mm×60 mm）和母体工装等	5	套	康尼
4.1	4×4 仓储库	主体由铝型材搭建，库位容量 16 个	5	套	康尼
4.2	皮带传送机构	直流电动机驱动，电压 DC 24 V；皮带传动，传动速度 20 m/min	5	套	康尼
4.3	工件	外形 $\phi60$ mm×60 mm，尼龙材质	80	个	康尼
5	机器人打磨抛光单元	包括抛光机构、打磨抛光工装等	5	套	康尼
5.1	抛光机构	被抛光工件材料为不锈钢，固定台主体采用铝型材制作	5	套	康尼
6	机器人手爪		5	套	康尼
6.1	母体工装	主要由气爪、手指、光线放大器感应头、导电电极、真空气路等组成	5	套	康尼
6.2	搬运手爪工装	气路自动对接，无须人工辅助	5	套	康尼

续表

序号	名称	规格说明	数量	单位	品牌
6.3	画笔工装	画笔采用软笔	5	套	康尼
6.4	打磨抛光工装	直流电动机驱动,毛毡抛光轮	5	套	康尼
7	安全单元	由型材、茶色有机玻璃、光幕组成	5	套	康尼
8	电控系统		5	套	康尼
8.1	PLC	FX2N-64MR-D	5	个	三菱
8.2	光电开关	E3Z-LS61	5	个	欧姆龙
8.3	光纤传感器	BF3RX+FT-320-05(反射型)	5	个	AUTONICS
8.4	直流电动机	Z2D10-24GN 2GN18K 功率为10 W,减速比18:1	5	个	中大
8.5	直流电动机	ZYTD-38SRZ-R 空转转速:4000 r/min 功率:7 W 电源:24 V 额定转数:1700 额定转矩:750 N·m	5	个	正科
8.6	开关电源	DR-120-24 DC24V,5A	5	个	明纬
8.7	光幕	DQA30/10-290 检测距离0.3～3 m 光幕高度290 mm,光束30个	5	套	戴迪斯科光电
8.8	接触器	LC1-D18M7C	5	个	施耐德
8.9	漏电保护器	DZ47-60 3P C32	5	个	正泰
8.10	电源开关、急停按钮、开关等	LA42HD-11/24V RG	5	套	天逸
9	气动系统		5	套	康尼
9.1	单电控两位五通电磁阀	4V210-06-B DC24V	10	个	亚德客
9.2	真空吸盘	ZPR20BN-40-B6	5	个	SMC
9.3	真空发生器	VN-05-H-T2-PQ1-VQ1-R01	5	个	FESTO
9.4	数字式压力开关	ZSE30A-01-P-LA1	5	个	SMC
9.5	空气过滤减压阀	AC2000-A	5	个	亚德客
9.6	底座	200M-2F 可以安装6个电磁阀	5	个	亚德客
9.7	静音空气压缩机	FB-95/7型(5台共用1个气泵)	1	个	风暴
10	工作台	由铝型材和钣金焊接构成	5	套	康尼
11	附件		5	套	康尼
12	安装调试				
13	运输				

4. 工业机器人的本体

工业机器人的本体由IRB120机器人、机器人控制器、示教盒组成。机器人本体通过配备气爪及手指、吸盘、画笔、抛光轮等执行件相应地完成物件的抓取、放置、轨迹模拟画图、打磨抛光等操作。机器人本体由六自由度关节组成,抓取物体质量不超过 3 kg,固定在型材实训桌上,活动范围半径大于 580 mm,角度不小于 330°。机器人本体的具体参数如表 10-2 所示。

表 10-2 工业机器人本体的性能参数

形　式		单　位	规　格　值
机种			6 轴标准规格
动作自由度			6
安装姿势			地板、垂吊
活动范围半径		mm	580
环境温度		℃	0～40
本体质量		kg	25
位置往返精度		mm	±0.01
可搬质量		kg	3(额定)
集成信号源			手腕设 10 路信号
集成气源		MPa	0.5
防护等级			P30
动作范围	轴 1 旋转	(°)	330(-165～+165)
	轴 2 手臂		220(-110～+110)
	轴 3 手臂		160(-90～+70)
	轴 4 手腕		320(-160～+160)
	轴 5 弯曲		240(-120～+120)
	轴 6 翻转		800(-400～+400)
最大速度	轴 1 旋转	(°)/s	250
	轴 2 手臂		250
	轴 3 手臂		250
	轴 4 手腕		320
	轴 5 弯曲		320
	轴 6 翻转		420

5. 工业机器人的控制柜

ABB 工业机器人控制器包含两个模块,控制模块和驱动模块,两个模块通常合并在一个控制器机柜中。控制模块包含主机、I/O 电路板和闪存等所有的电子控制装置,运行操作机器人(即 RobotWare 系统)所需的所有软件。驱动模块包含为机器人电机供电的所有电源电子设备。IRC5 驱动模块最多可包含 9 个驱动单元,它能处理 6 根内轴以及 2 根普通轴或附加轴。使用一个控制器运行多个机器人时,必须为每个附加的机器人添加额外的驱动模块,但只需使用一个控制模块。ABB 工业机器人控制柜如图 10-2 所示。

图 10-2　ABB 工业机器人控制柜

6. 工业机器人的示教器

如图 10-3 所示,ABB 工业机器人示教器是进行机器人的手动操纵、程序编写、参数配置以及监控用的手持装置。示教器用于执行与操作机器人系统有关的许多任务,可在恶劣的工业环境下持续运作,是我们最常打交道的控制装置,其触摸屏易于清洁,且防水、防油、防溅锡。ABB 工业机器人示教器由硬件和软件组成,其本身就是一台完整的计算机,通过集成线缆和接头连接到控制器。操作示教器时,通常是手持该设备。惯用右手者用左手握持设备,右手在触摸屏上执行操作。而惯用左手者可以轻松通过将显示器旋转 180°,使用右手握持设备。

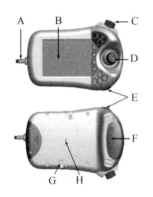

A	连接器
B	触摸屏
C	紧急停止按钮
D	控制杆
E	USB 端口
F	使动装置
G	触摸笔
H	重置按钮

图 10-3　ABB 工业机器人示教器

7. 工业机器人的手爪

1) 母体工装

母体工装直接安装在机器人上,可以直接抓取其他 3 种工装进行作业,也可以直接抓取方形工件进行搬运入库工作。如图 10-4 所示,母体工装主要由气爪、光线放大器感应头、导电电极、真空气路口等组成。母体工装在抓取打磨抛光工装和真空吸盘工装时,电路和气路能够自动对接,无须人工辅助。

2) 搬运手爪工装

如图 10-5 所示,搬运手爪工装由母体工装和真空吸盘工装组成,气路自动对接,无须人工辅助,通过真空吸盘吸附来搬运工件。

3) 画笔工装

如图 10-6 所示,画笔工装与母体工装配合使用,画笔采用软笔。通过机器人驱动,可在画图板上画各种形状,模拟轨迹焊接。

项目 10　工业机器人工作站系统集成

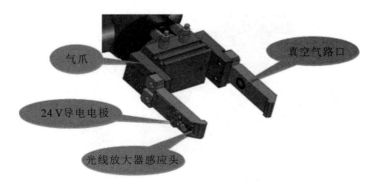

图 10-4　ABB 工业机器人母体工装

图 10-5　ABB 工业机器人搬运手爪工装

图 10-6　ABB 工业机器人画笔工装

4）打磨抛光工装

如图 10-7 所示，打磨抛光工装与母体工装配合，通过直流电动机驱动毛毡抛光轮可对工件表面进行模拟抛光。

8. 工业机器人的作业机构

1）工业机器人搬运单元

该单元由网格坐标机构、搬运工件、搬运手爪工装等组成。机器人通过与之配套的手爪实现在该单元的物料搬运。网格坐标机构如图 10-8 所示，通过丝网印刷将网格印制在铝板上，网格间距 30×30 mm。单元标配 9 个圆形工件，尺寸为 $\phi 24$ mm×20 mm。工件上印有数字号码 1~9。

2）工业机器人轨迹绘制单元

该单元由轨迹画图机构、画笔工装等组成。机器人通过与之配套的手爪实现在该单元

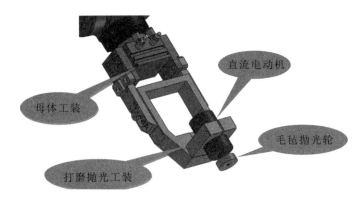

图 10-7 ABB 工业机器人打磨抛光工装

图 10-8 ABB 工业机器人的网格坐标机构

的模拟轨迹绘图。画图板通过快速锁紧螺钉压紧,有利于画图板损坏时快速更换,如图 10-9 所示。

图 10-9 ABB 工业机器人轨迹绘制单元

3)工业机器人码垛单元

该单元主要由 4×4 库位、皮带传送机构、工件(ϕ60 mm×60 mm)和母体工装等组成,如图 10-10 所示。机器人通过与之配套的手爪实现将皮带传送机构传送过来的物料送到4×4

仓储库中码垛。该仓储库主体由铝型材搭建,库位容量为 16 个,库位尺寸为 70 mm×120 mm,仓储库总体尺寸为 534 mm×520 mm×120 mm。

图 10-10 ABB 工业机器人码垛单元

4）工业机器人皮带传送机构

该送料机构人工放料,放料处的光电传感器感应到物体时,电动机开始转动,驱动皮带转动,进而使工件向前运动。当工件运动到待抓取位时,待抓取位的光电传感器感应到物体,通知机器人来抓取工件,如图 10-11 所示。

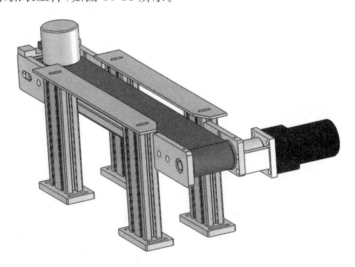

图 10-11 ABB 工业机器人皮带传送机构

5）工业机器人打磨抛光单元

该单元由抛光机构、打磨抛光工装等组成,如图 10-12 所示。机器人通过与之配套的手爪实现在该单元的模拟打磨抛光。被抛光工件材质为不锈钢,固定台主体采用铝型材制作。

9. 工业机器人的安全单元

如图 10-13 所示,安全单元主要包括安全器件及相关安装支架。安全光幕传感器安装在设备前后侧以便设备调试和学员学习,工作台的左右两侧面采用安全玻璃对设备进行防护。

图 10-12　ABB 工业机器人打磨抛光单元

图 10-13　ABB 工业机器人安全单元

10. 工业机器人的电气控制系统和气动系统

电气控制系统主要由可编程控制器、线槽、电线、接线端子、主令电气、检测传感器等组成，具有接地保护、断电保护、漏电保护功能，安全性符合相关的国家标准。安装元器件的网孔板可以抽出，方便接线。

气动系统主要由气泵、电磁阀、电磁阀底座、气爪、真空发生器、真空吸盘、油水分离器、气管、接头、节流阀等组成，负责设备的供气。

11. 工业机器人的工作台

工作台下部采用钢焊接而成，带有脚轮和脚杯，涂白漆。单个工作台外形尺寸大体为 1600 mm×1400 mm×800 mm，机器人安装底板采用钢板固定。工作台分上下两层，上层用于安放机器人和操作对象，下层通过隔板分为前后两个区域，一侧带有网孔板抽屉，用于安装电气系统，具有收拉功能。工作台前后都是双开门结构并配备散热风机，方便机器人控制柜的安装和散热。工作台四个角落装有立柱，方便安装安全光幕和防护玻璃。

任务 2　工业机器人工作站的集成安装与维护

1. 工业机器人的搬运

ABB 工业机器人的运输一般是木箱包装，包括底板和外壳。底板是包装箱承重部分，与内包装物相对固定,内包装物不会在底板上窜动。底板也是起重机或叉车搬运的受力部分。箱体外壳及上盖只起防护作用,承重有限,包装箱上不能放重物,不能倾倒,不能淋雨等。拆包装前先检查是否有破损,如有破损联系运输单位或供应商。使用电动扳手、撬杠、羊角锤等工具,先拆盖,再拆壳,注意不要损坏箱内物品。最后拆除机器人与底板间的固定物,可能是钢丝缠绕、长自攻钉、钢钉等。根据装箱清单核查机器人系统零部件,一般包括机器人本体、控制柜、示教器、连接线缆、电源等。注意检查外观是否有损坏。机器人出厂时已调整到易于搬运的姿态,如图10-14所示,可以用叉车或起重机搬运。首先根据机器人重量选择承重适当的叉车或起重机,注意研究叉车或起吊绳位置,确保平衡稳定。

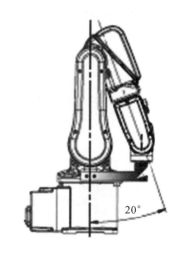

图10-14　IRB120工业机器人的装运姿态

如果机器人未固定在基座上并保持静止,则机器人在整个工作区域中不稳定。移动手臂会使重心偏移,这可能会造成机器人翻倒。装运姿态是最稳定的,因此将机器人固定到其基座之前,切勿改变其姿态。

通过起重机使用圆形吊带吊升机器人:在手臂上安装一个吊环,并在其上挂住吊绳提升起来,将机器人移到其最稳定的位置。有架台时也用同样的方法。不同型号的机器人,其提升姿态不同。在机器人表面与圆形吊带直接接触的地方垫放厚布,搬运过程中人员均不得出现在悬挂载荷的下方,关闭机器人的所有电力、液压和气压供给,用连接螺钉和垫圈安装支架,以将上臂固定到底座上,如图10-15所示。

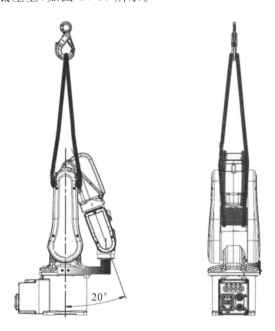

图10-15　IRB120工业机器人的吊升

2. 工业机器人的安装

ABB 工业机器人系统默认配置为安装到地面上,不考虑倾斜。在悬挂位置安装机器人的方法与地面安装基本相同,悬挂安装应确保龙门吊或相应结构足够坚固,避免过度的振动和偏斜,以达到最佳性能。如果机器人采用墙面安装方式或者安装在倾斜位置,则基坐标系的 X 方向应指向下方,如图 10-16 所示。

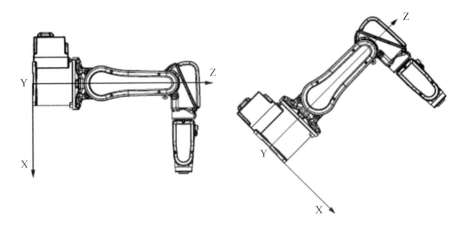

图 10-16 IRB120 工业机器人基坐标系的 X 方向

如果以其他任何角度安装机器人,则必须更新参数 Gravity Beta。参数 Gravity Beta 用于指定机器人的安装角度,以弧度表示。正确配置 Gravity Beta 以便机器人系统采用最佳的可行方法控制移动,错误定义安装角度会导致机械结构过载、路径性能和路径精确度较低等。按照以下方式进行计算,Gravity Beta = A×3.141593/180=B,其中 A 是以(°)为单位的安装角度,B 是以 rad 为单位的安装角度。

3. 工业机器人工作站的电气系统安装

ABB 工业机器人控制器主要由主计算机、轴计算机、伺服驱动板等构成,各电控元件逻辑结构关系如图 10-17 所示。

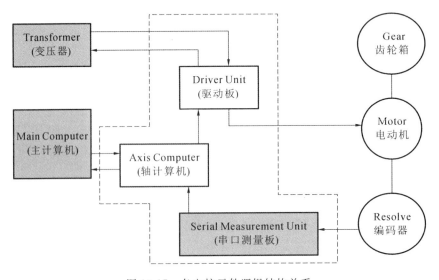

图 10-17 各电控元件逻辑结构关系

（1）主计算机。相当于计算机的主机，用于存放系统和数据串口测量板，如图10-18所示。

图10-18　ABB工业机器人主计算机

（2）I/O板。控制单元主板与I/O LINK设备的连接，控制单元主板与串行主轴及伺服轴的连接，控制单元I/O板与显示单元的连接，如图10-19所示。

图10-19　ABB工业机器人I/O板

（3）I/O电源板。给I/O板提供电源，如图10-20所示。

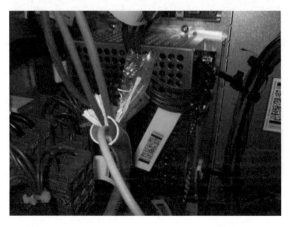

图10-20　ABB工业机器人I/O电源板

（4）电源分配板。给机器人各轴运动提供电源，如图 10-21 所示。

图 10-21　ABB 工业机器人电源分配板

（5）轴计算机。计算每个机器人轴的转数，如图 10-22 所示。

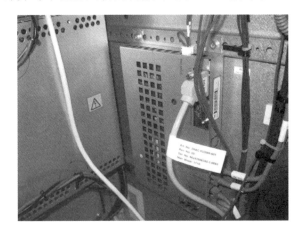

图 10-22　ABB 工业机器人轴计算机

（6）安全面板。控制柜正常工作时，安全面板上所有指示灯点亮，急停按钮从这里接入，如图 10-23 所示。

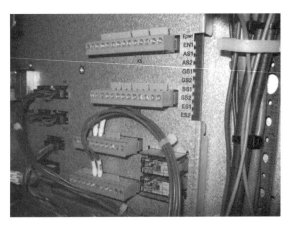

图 10-23　ABB 工业机器人安全面板

（7）电容。充电和放电是电容器的基本功能。此电容用于机器人关闭电源后，待系统保存数据后再断电,相当于延时断电装置,如图 10-24 所示。

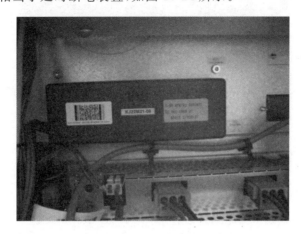

图 10-24　ABB 工业机器人电容

(8) 机器人六轴的驱动器。该驱动器用于驱动机器人各个轴的电动机,如图 10-25 所示。

图 10-25　ABB 工业机器人六轴的驱动器

(9) 机器人和控制柜上的动力线,如图 10-26 所示。

图 10-26　ABB 工业机器人和控制柜上的动力线

(10) 外部轴上的电池和 TRACK SMB 板在控制柜断电的情况下,可以保持相关的数据,具有断电保持功能,如图 10-27 所示。

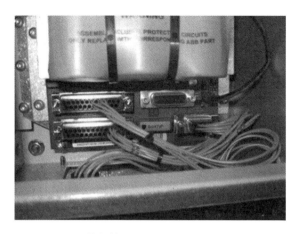

图 10-27　外部轴上的电池和 TRACK SMB 板

4. 工业机器人工作站的维修保养

开展 ABB 工业机器人工作站的任何检修工作前,首先必须明确工业机器人安全守则。ABB 工业机器人检修与维护的间隔时间取决于待执行维护活动的类型和机器人的工作条件,主要有以下确定方式:

(1) 日历时间:按月数规定,而不论系统运行与否;

(2) 操作时间:按操作小时数规定,更频繁的运行意味着更频繁的维护活动;

(3) SIS:由机器人的 SIS(service information system) 规定。间隔时间值通常根据典型的工作循环来给定,但此值会因各个部件的负荷强度不同而存在差异。

ABB 工业机器人由机器人本体和控制器机柜组成,必须定期对其进行维护,以确保其功能正常发挥。维护活动及其相应的间隔时间如表 10-3 所示。定期意味着要定期执行相关活动,但实际的间隔可以不遵守机器人制造商的规定。此间隔取决于机器人的操作周期、工作环境和运动模式。通常来说,环境的污染越严重,运动模式越苛刻(电缆线束弯曲越厉害),间隔越短。维护活动主要包括以下几方面。

表 10-3　维护活动及相应的间隔时间表

维护内容	设　　备	周　　期	说　　明
检查	控制柜	6 个月	在维修手册中详细叙述
清洁	控制柜	6 个月	在维修手册中详细叙述
清洁	空气过滤器	12 个月	在维修手册中详细叙述
更换	空气过滤器	4 000 h 或 24 个月	在维修手册中详细叙述
更换	电池	12 000 h 或 36 个月	在维修手册中详细叙述
更换	风扇	60 个月	在维修手册中详细叙述

(1) 检查机器人布线。ABB 工业机器人布线包含机器人与控制器机柜之间的布线,检查前必须关闭连接到机器人的所有电源、液压源和气压源,目测检查机器人与控制器机柜之间的控制布线,查找磨损、切割或挤压损坏,如果检查到磨损或损坏,则更换布线。

(2) 检查机械停止装置。齿轮箱与机械停止装置的碰撞可导致预期使用寿命缩短。当机械停止装置出现弯曲、松动、损坏等情况时,需要进行更换。

项目 10　工业机器人工作站系统集成

（3）检查机器人同步带。如图 10-28 所示，卸除盖子即可接近每条同步带，检查同步带是否损坏或磨损，检查同步带轮是否损坏。如果检测到任何损坏或磨损，则必须更换该部件。检查每条皮带的张力，如果皮带张力不正确，请进行调整（轴 3：$F=18\sim19.8$ N；轴 5：$F=7.6\sim8.4$ N）。

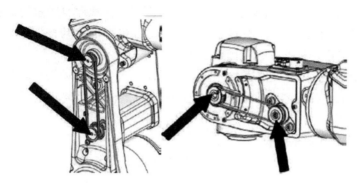

图 10-28　IRB120 工业机器人同步带的位置

（4）检查机器人齿轮箱润滑油。更换的润滑油必须符合 ABB 工业机器人对润滑油类型、货号和特定齿轮箱润滑油量的相关要求。

（5）更换电池组。电池组的位置在底座盖的内部，首先通过卸下连接螺钉从机器人上卸下底座盖，断开电池电缆与编码器接口电路板的连接。然后切断电缆带，卸下电池组，用电缆带安装新电池组，再将电池电缆与编码器接口电路板相连，最后用连接螺钉将底座盖重新安装到机器人上，并更新转数计数器。

任务 3　工业机器人工作站的调试

1. 工业机器人工作站调试说明

上电前确认设备上次使用正常，设备无损坏，各插头接触良好，空气压缩机工作正常，并做好如下准备工作。

（1）将操作台柜门打开，抽出安装底板，合上所有空气开关。

（2）检查传输带上是否有工件，码垛盘上工件是否摆好，打磨工件是否摆好。

（3）确认操作盒上急停按钮是否被按下，机器人是否在安全位置，如不在请用示教盒手动将机器人移动至安全位置。

（4）上电之后等待机器人初始化完成，示教器显示正常工作界面，确定设备工作气压在 0.3～0.5 MPa 范围之内。

（5）在使用画笔之前，请先把笔套拔出，用完之后再将笔套插好。

2. 工作站自动操作

机器人工作站自动操作的流程如下。

（1）当开机工作结束之后，操作盒上的复位指示灯以 1 s 周期在闪烁。

（2）按下复位按钮 1 s，设备开始进行复位，当复位指示灯为常亮时，代表复位工作结束。

（3）复位结束后，启动指示灯闪烁，按下启动按钮，设备进入工作状态。

(4) 将工件放入传输带首端,传输带自动将工件传输到末端,传输带停止,机器人自动抓取工件并放入指定库位。连续放 4 个工件,机器人将其依次放入 4 个指定库位。

(5) 库位操作完成,机器人停在指定位置,只需再按一下启动按钮,机器人进入下一工作流程,进入码垛工作。

(6) 在码垛台面上事先按指定位置摆好工件,机器人按程序自动进行码垛。

(7) 码垛操作完成,机器人停在指定位置,只需再按一下启动按钮,机器人进入下一工作流程,开始画图工作。机器人会在画板上画一个方形和一个圆。

(8) 画图操作完成,机器人停在指定位置,只需再按一下启动按钮,机器人进入下一工作流程,开始打磨工作。机器人在打磨工件上进行打磨。打磨完成之后,机器人回到初始原点。

3. 工业机器人工作站的调试

给机器人编写流程并对流程进行保存,根据前述的操作流程对工作站进行调试。参考程序如下。

```
        IF DI10_2=1 AND reg3=2   THEN
            Rpull_out1;
            Rpick2;

            Rinsert1 ;
            reg3:=reg3+1;
        ENDIF

    PROC Rpull_out1()
        MoveL p30, v100, z50, tool0;
            MoveJ p31, v100, z50, tool0;
        MoveL p40, v100, z50, tool0;
            MoveL p43, v50, z50, tool0;
            MoveL p44, v50, z50, tool0;
            MoveL p45, v50, fine , tool0;
            WaitTime 1;
            Set DO10 16;
            WaitTime 1;
            MoveJ p44, v50, fine , tool0;
            MoveL p43, v50, z50, tool0;
            MoveL p40, v50, z50, tool0;
            MoveL p50, v300, z50, tool0;
             WaitTime 1;
    ENDPROC
PROC Rpick2()

    MoveL Offs(p290,0,0,50), v300, z50, tool0;
    MoveL p290, v50, fine, tool0;
        WaitTime 1;
        Set DO10 15;
        WaitTime 1;
        MoveL Offs(p290,0,0,50), v300, z50, tool0;
        MoveL Offs(p291,0,0,50), v300, z50, tool0;
        MoveL p291, v50, fine, tool0;
        WaitTime 1;
        reSet DO10 15;
        WaitTime 1;
        MoveL Offs(p291,0,0,50), v300, z50, tool0;
```

```
        MoveL Offs(p280,0,0,50), v300, z50, tool0;
    MoveL p280, v50, fine, tool0;
        WaitTime 1;
        Set DO10 15;
        WaitTime 1;
        MoveL Offs(p280,0,0,50), v300, z50, tool0;
        MoveL Offs(p281,0,0,50), v300, z50, tool0;
        MoveL p281, v50, fine, tool0;
        WaitTime 1;
        reSet DO10 15;
        WaitTime 1;
        MoveL Offs(p281,0,0,50), v300, z50, tool0;

        MoveL Offs(p270,0,0,50), v300, z50, tool0;
    MoveL p270, v50, fine, tool0;
        WaitTime 1;
        Set DO10 15;
        WaitTime 1;
        MoveL Offs(p270,0,0,50), v300, z50, tool0;
        MoveL Offs(p271,0,0,50), v300, z50, tool0;
        MoveL p271, v50, fine, tool0;
        WaitTime 1;
        reSet DO10 15;
        WaitTime 1;
        MoveL Offs(p271,0,0,50), v300, z50, tool0;

        MoveL Offs(p260,0,0,50), v300, z50, tool0;
    MoveL p260, v50, fine, tool0;
        WaitTime 1;
        Set DO10 15;
        WaitTime 1;
        MoveL Offs(p260,0,0,50), v300, z50, tool0;
        MoveL Offs(p261,0,0,50), v300, z50, tool0;
        MoveL p261, v50, fine, tool0;
        WaitTime 1;
        reSet DO10 15;
        WaitTime 1;
        MoveL Offs(p261,0,0,50), v300, z50, tool0;

        MoveL Offs(p250,0,0,50), v300, z50, tool0;
    MoveL p250, v50, fine, tool0;
        WaitTime 1;
        Set DO10 15;
        WaitTime 1;
        MoveL Offs(p250,0,0,50), v300, z50, tool0;
        MoveL Offs(p251,0,0,50), v300, z50, tool0;
        MoveL p251, v50, fine, tool0;
        WaitTime 1;
        reSet DO10 15;
        WaitTime 1;
        MoveL Offs(p251,0,0,50), v300, z50, tool0;

        MoveL Offs(p240,0,0,50), v300, z50, tool0;
    MoveL p240, v50, fine, tool0;
        WaitTime 1;
        Set DO10 15;
        WaitTime 1;
        MoveL Offs(p240,0,0,50), v300, z50, tool0;
        MoveL Offs(p241,0,0,50), v300, z50, tool0;
        MoveL p241, v50, fine, tool0;
        WaitTime 1;
        reSet DO10 15;
        WaitTime 1;
        MoveL Offs(p241,0,0,50), v300, z50, tool0;
```

```
        MoveL Offs(p230,0,0,50), v300, z50, tool0;
    MoveL p230, v50, fine, tool0;
        WaitTime 1;
        Set DO10 15;
        WaitTime 1;
        MoveL Offs(p230,0,0,50), v300, z50, tool0;
        MoveL Offs(p231,0,0,50), v300, z50, tool0;
        MoveL p231, v50, fine, tool0;
        WaitTime 1;
        reSet DO10 15;
        WaitTime 1;
        MoveL Offs(p231,0,0,50), v300, z50, tool0;

        MoveL Offs(p220,0,0,50), v300, z50, tool0;
    MoveL p220, v50, fine, tool0;
        WaitTime 1;
        Set DO10 15;
        WaitTime 1;
        MoveL Offs(p220,0,0,50), v300, z50, tool0;
        MoveL Offs(p221,0,0,50), v300, z50, tool0;
        MoveL p221, v50, fine, tool0;
        WaitTime 1;
        reSet DO10 15;
        WaitTime 1;
        MoveL Offs(p221,0,0,50), v300, z50, tool0;

        MoveL Offs(p210,0,0,50), v300, z50, tool0;
    MoveL p210, v50, fine, tool0;
        WaitTime 1;
        Set DO10 15;
        WaitTime 1;
        MoveL Offs(p210,0,0,50), v300, z50, tool0;
        MoveL Offs(p211,0,0,50), v300, z50, tool0;
        MoveL p211, v50, fine, tool0;
        WaitTime 1;
        reSet DO10 15;
        WaitTime 1;
        MoveL Offs(p211,0,0,50), v300, z50, tool0;

ENDPROC

    PROC Rinsert1()
        MoveL p50, v100, z50, tool0;
    MoveL p40, v100, z50, tool0;
        MoveL p43, v50, z50, tool0;
        MoveL p44, v50, z50, tool0;
        MoveL p45, v50, fine , tool0;
        WaitTime 1;
        reSet DO10 16;
        WaitTime 1;
        MoveJ p44, v50, fine , tool0;
        MoveL p43, v50, z50, tool0;
        MoveL p40, v50, z50, tool0;

        WaitTime 1;
    ENDPROC
```

思考与实训

（1）思考机器人的控制和驱动方式。

（2）进行工业机器人工作站电气系统的安装。

（3）进行工业机器人工作站的调试。

参 考 文 献

[1] 杜祥瑛. 工业机器人及其应用[M]. 北京:机械工业出版社,2004.
[2] 张培艳. 工业机器人操作与应用实践教程[M]. 上海:上海交通大学出版社,2009.
[3] 马光,申桂英. 工业机器人的现状及发展趋势[J]. 组合机床与自动加工技术,2004(4).
[4] 吴振彪. 工业机器人[M]. 武汉:华中科技大学出版社,2002.
[5] 叶晖,管小清. 工业机器人实操与应用技巧[M]. 北京:机械工业出版社,2010.
[6] 肖南峰. 工业机器人[M]. 北京:机械工业出版社,2011.
[7] 郭洪红. 工业机器人运用技术[M]. 北京:科学出版社,2008.
[8] 郭洪红. 工业机器人技术[M]. 西安:西安电子科技大学出版社,2012.
[9] 肖明耀,程莉. 工业机器人程序控制技能实训[M]. 北京:中国电力出版社,2010.
[10] 兰虎. 工业机器人技术及应用[M]. 北京:机械工业出版社,2014.
[11] 余达太. 工业机器人应用工程[M]. 北京:冶金工业出版社,1999.
[12] 戴庆辉. 先进制造系统[M]. 北京:机械工业出版社,2008.
[13] 谢存禧. 机器人技术及其应用[M]. 北京:机械工业出版社,2013.
[14] 蔡自兴. 机器人学基础[M]. 北京:机械工业出版社,2009.
[15] 柳洪义. 机器人技术基础[M]. 北京:冶金工业出版社,2002.
[16] 张枚. 机器人技术[M]. 北京:机械工业出版社,2012.